主动选择 敢于放弃

张艳玲 编著

民主与建设出版社
·北京·

©民主与建设出版社，2018

图书在版编目（CIP）数据

主动选择　敢于放弃 / 张艳玲编著. — 北京：民主与建设出版社，2017.12

ISBN 978-7-5139-1869-5

Ⅰ.①主… Ⅱ.①张… Ⅲ.①成功心理 – 通俗读物 Ⅳ.①B848.4-49

中国版本图书馆CIP数据核字（2017）第311108号

主动选择　敢于放弃
ZHUDONGXUANZE　GANYUFANGQI

出 版 人：	许久文
编　　 著：	张艳玲
责任编辑：	王　颂
出版发行：	民主与建设出版社有限责任公司
电　　 话：	（010）59419778　59417747
社　　 址：	北京市海淀区西三环中路10号望海楼E座7层
邮　　 编：	100142
印　　 刷：	三河市天润建兴印务有限公司
版　　 次：	2018年4月第1版
印　　 次：	2018年4月第1次印刷
开　　 本：	710mm×1000mm　1/16
印　　 张：	17
字　　 数：	130千字
书　　 号：	ISBN 978-7-5139-1869-5
定　　 价：	39.80元

注：如有印、装质量问题，请与出版社联系。

前言
PREFACE

一个男孩在厨房里发现了一个装满核桃和葡萄干的罐子,他把手伸进去,尽可能多地抓了一大把。然而,当他努力地想把手抽出来的时候,却发现罐口太小了,他抓东西的手拿不出来。

"我该怎么办呢?"他哭着说,"我的手会永远卡在罐子里的。"

正在这时,妈妈进来了。

"哎呀,"妈妈说,"没有什么大惊小怪的。你把手里的核桃和葡萄干放下一半,就会发现手很容易拿出来了。"

"识进退""全身而退""以退为进""退而求其次",这是中国人几千年来总结出的大智慧,讲的都是"退"的故事,"退"的学问。"退"就意味着放弃,放弃自己曾经拥有并且视为珍重的东西。我们有时太过关注拥有的东西,而忽视了该放弃的就要放弃。人活在世间,总有各种各样的利害关系,总有情感、物欲等的牵绊,牵绊愈多,得到的也许愈多,但可能失去的也愈多,正所谓"福兮祸所依"。所以,人生势必有失有得,难以圆满。你要学会选择,学会放弃。

生活中,我们时刻都在选择与放弃。选择是一种力

前 言
PREFACE

量,是人生成功路上的指南针,学会如何运用它,你就不会迷失方向;而放弃则是智者对生活正确的选择,懂得怎样运用它,你才能更快地到达目的地。

人们在一定的环境中工作和生活,久而久之就会形成一种固定的思维模式,也就是我们常说的"常规"。有许多人都不同程度地被自己的习惯和常规所左右,他们相信经验,害怕改变,担心改变会为自己带来不必要的麻烦,于是,他们放弃了主动选择的机会。在职场中,很多人在换了一个公司的时候,总是觉得难以适应,认为这个公司的文化等各方面都不尽如人意,其实事实并非如此,主要是你不愿放弃原有的思维模式。

《主动选择敢于放弃》用有限的篇幅对选择和放弃作了全面而深刻的诠释,它将帮助你在纷繁复杂的社会现实中时刻保持清醒的头脑,更直观、更理性地认识自己,认识社会,在漫长的人生旅途中,正确选择,适时放弃,走好人生的每一步棋,早日实现成功。

主动选择,敢于放弃,你会发现,一个更广阔的天空出现在你的面前。你的发展潜力将被无限地发掘出来,你的人生也将更加完美。

目　录
CONTENTS

第一章
人生是一个不断选择与放弃的过程

001

01 人生即选择 / 002

02 选择自己的生活 / 005

03 幸福或不幸由你自己掌控 / 008

04 选择积极的人生 / 011

05 有什么样的选择就有什么样的人生 / 015

06 没有什么是不可能的 / 018

07 懂得选择，学会放弃 / 020

08 不要把简单的问题复杂化 / 022

09 凡事要思考 / 025

10 患得患失，幸福也会离你而去 / 028

11 做出最积极的选择 / 034

12 有所不为才能有所为 / 038

第二章
选好人生的坐标，成功就在离你不远处

043

01 选择人生的道路 / 044
02 面对两难的选择时要勇于放弃 / 047
03 必要时，适当降低目标 / 049
04 没有什么是不可以改变的 / 052
05 主动打破人生的安逸 / 054
06 选择活在现在 / 057
07 逆境时选择坚强 / 060
08 选择坚持，不轻言放弃 / 064
09 选择优秀的人做朋友 / 068
10 懂得休息才是高人 / 074

第三章
敢于放弃，清除人生路上的牵绊

077

01 放弃也是一种智慧 / 078
02 从失去中成长 / 081
03 大弃大得，小弃小得 / 085
04 尽早离开可能是更聪明的选择 / 088
05 放弃平庸，勇于挑战 / 093
06 相信一切都会过去 / 097
07 为失去而感恩 / 100

08 有些事放不下，是因为心中杂念太多 / 103

第四章
舍弃计较之心，人生自有大境界

107

01 以平常心看待万事万物 / 108

02 把嫉妒转化为一种积极因素 / 110

03 严苛有时是爱的另一种表达方式 / 114

04 冲动是理性思考的大敌 / 116

05 道义良知重于赚钱 / 119

06 不要怀着狭隘的自私念头去行善 / 121

07 别让贪婪毁了你 / 124

08 挣脱欲望的锁链 / 127

09 有时候，吃亏是一种福气 / 129

第五章
修养心性，选择简单的幸福

133

01 选择宽容，能换来甜蜜的结果 / 134

02 抛开烦恼，活着本来很简单 / 138

03 选择一种简单的幸福 / 141

04 节俭而不是奢靡 / 145

05 放弃虚名，会活得更轻松 / 149

06 选择热忱，而不是冷漠 / 152

07 善待别人，就是为自己清除"路障" / 155

第六章

换个思路，成败都是人生财富

159

01 生活中需要学会换个角度 / 160

02 付出总会得到回报 / 162

03 不要对自己的缺点心存畏惧 / 165

04 会比较才会有幸福 / 169

05 人生不需太完美 / 173

06 关掉身后的门，重新开始人生 / 177

07 换一个角度，换一片天地 / 180

08 谁都不可能一无是处 / 183

09 没有怀才不遇，只有不思进取 / 186

10 一点小事，不必较真 / 189

11 换种方式思考 / 191

12 失败都带着成功的种子 / 193

第七章

先予后取，成就财富人生

195

01 先舍后得的生意经 / 196

02 要想取之，必先予之 / 199

03 损小利得大利 / 203
04 故意吃亏不是亏 / 206
05 舍小利趋大利，放长线钓大鱼 / 210
06 不要让埋怨充斥你的生活 / 214
07 帮助别人就是帮助自己 / 216
08 有所失必有所得 / 219

第八章

选择好了就去做吧

223

01 选对池塘才能钓到大鱼 / 224
02 心动，更要行动 / 229
03 行动是成功的开始 / 234
04 重要的是执行 / 237
05 把弱项变成强项 / 239
06 在忍耐中磨砺自己 / 242
07 始终比他人快一步 / 245
08 工作有次序，做事有条理 / 249
09 坚持到底就是成功 / 252
10 绝不拖延 / 258
11 寻找生命的大石块 / 260

第一章
人生是一个不断选择与放弃的过程

我们生活在这个世界上,有很多东西需要去面对,去追求,很多事情需要去选择,去放弃。人生其实就是一个不断选择与放弃的过程。生活因选择而美好,因放弃而晴朗;人生因选择而精彩,因放弃而辉煌。

01 人生即选择

人只要活着，他就在选择。

人生有无限多个解。人生是一个不能被理性穷尽的无理数。每个人因为站在不同角度去看待人生、体验人生，所以从中得出有关人生的定义也各有不同，但有一点是共同的——人生即选择。

20世纪初，有个爱尔兰家庭想移民美洲。他们非常贫困，于是辛苦工作，省吃俭用三年多，终于存够钱买了去美洲的船票。当他们被带到甲板下睡觉的地方时，全家人以为整个旅程中他们都得呆在甲板下，而他们也确实这么做了，仅吃着自己带上船的少量面包和饼干充饥。

一天又一天，他们以充满嫉妒的眼光看着头等舱的旅客在甲板上吃着奢华的大餐。当船快要停靠爱丽丝岛的时候，家中唯一的孩子生病了。父亲非常着急，找到服务人员说："先生，求求你，能不能赏我一些剩菜剩饭，好给我的小孩吃？"

服务人员回答："为什么这么问？这些餐点你们也可以吃啊！"

第一章
人生是一个不断选择与放弃的过程

"是吗？"这位父亲说，"你的意思是说，整个航程里我们都可以吃得很好？"

"当然！"服务人员以惊讶的口吻说，"在整个航程里，这些餐点也供应给你和你的家人，你的船票只是决定你睡觉的地方，并没有决定你的用餐地点。"

生活中有很多类似这样的人，他们以为自己"被带去看"的地方就是他们一辈子必须待的地方。他们不明白，其实他们可以和其他人一样，享受许多同样的权利。成功是要寻访、要共享、要想办法接近的。

在人生的旅途上，有时你会面临这样的选择：是任凭别人摆布还是坚定自强；是要别人推着你走，还是自己驾驭自己的命运，独当一面。人的一生一直都处在这样不断的选择之中。可以说，人生历程就是一个人的选择历程，选择决定了我们一生的成败和优劣。选择仿佛是我们的身影，仿佛是竖立在我们人生曲折道路上的一块块路标。有的路标严峻地出现在何去何从、前途未卜的十字路口上，这是人生中决定性的时刻。这一时刻需要正确的、不可回避的、勇敢的选择，因为我们做出的每一个选择都决定着我们的命运，都可以改变我们的命运，在我们的人生中没有什么比正确选择更重要的了。

每个人都会面临各种各样的危机，如信仰危机、事业危机、感情危机等等。在这些危机中，正确的选择和变动，会使我们积聚起一种新的力量，重新面对世界。

每个人的身上都凝聚着非常巨大的力量，如果你无法发现它，它就永远处于休眠状态，使你在前进的道路上无法体现自身的创造力，更无法实现你的人生追求与梦想。

虽然你握有选择的权力，但很多人并不知如何有效地使用这个权力。也许这就是那么多的人活得碌碌无为的最直接原因。

拿破仑选择了当时法国大革命中最能展示才干的军事指挥，才使这个科西嘉小子成为一代伟大的统帅；比尔·盖茨因为选择了开辟个人电脑时代，才使这个仅上过一年哈佛的准大学生成为世界首富。不是有才能就一定会成功，世界上许多有才干的人最终没有成为成功人士，主要是因为他们没有选对发挥自己才干的舞台。

只有选择，才能给你的生命不断注入激情；只有选择，才能使你拥有把握人生命运的伟大的力量；只有选择，才能把你人生的美好梦想变成辉煌的现实。

第一章
人生是一个不断选择与放弃的过程

02 选择
自己的生活

你的成功与否，取决于你如何选择自己的生活。

《伊索寓言》中有一个关于乡下老鼠和城市老鼠的故事：

城市老鼠和乡下老鼠是好朋友。有一天，乡下老鼠写了一封信给城市老鼠，信上这么写着："城市老鼠兄，有空请到我家来玩。在这里，可享受乡间的美景和新鲜的空气，过着悠闲的生活，不知意下如何？"

城市老鼠接到信后，高兴得不得了，立刻动身前往乡下。到那里后，乡下老鼠拿出很多大麦和小麦，放在城市老鼠面前。城市老鼠不以为然地说："你怎么能够老是过这种清贫的生活呢？住在这里，除了不缺食物，什么也没有，多么乏味呀！还是到我家玩吧，我会好好招待你的。"

于是，乡下老鼠就跟着城市老鼠进城去了。

到了城里，乡下老鼠看到那么豪华、干净的房子，非常羡慕。想到自己在乡下从早到晚都在农田里奔跑，以大麦和小麦为食物，冬天还得在那寒冷的雪地上搜集粮食，夏天更是累得满身大汗，和城市老鼠比起来，自己实在太不

铭鉴经典
主动选择　敢于放弃

幸了。

聊了一会儿，它们就爬到餐桌上开始享受美味的食物。突然，"砰"的一声，门开了，有人走了进来。它们吓了一跳，飞也似的躲进墙角的洞里。

乡下老鼠吓得忘了饥饿，想了一会儿，戴起帽子，对城市老鼠说："还是乡下平静的生活比较适合我。这里虽然有豪华的房子和美味的食物，但每天都紧张兮兮的，倒不如回乡下吃麦子来得快活。"说罢，乡下老鼠就离开城市又回乡下去了。

这则寓言让我们看到不同习性的老鼠有不同的生活。即使他们都曾经对不同的世界感到好奇、有趣，但是，它们最后还是回归到自己所熟悉的生活圈子中去，并且都能从那里得到各自简单而快乐的生活。

一位哲人说过："无论你身处何境都要有自己的选择。"其实，一切生

第一章
人生是一个不断选择与放弃的过程

活都是值得好好去过的。生活有好有坏，有得有失。你不必妄自菲薄，不必怨天尤人，各种生活都有各自的乐趣，也有它的缺憾之处，关键在于你怎样去看待和选择它。一个人有无前途，不取决于拥有多少财富，而是取决于其是否具有发展观念。如果你对现在的生活缺乏满足感和幸福感，就该竭尽全力拓展自己的思考范围，选择全新的人生。

03 幸福或不幸
　　由你自己掌控

幸福是一种心灵状态，是一个对内在自我的肯定与满意。幸福在哪里？我们如何才能获得幸福？芸芸众生，茫茫人海，带着这些问题，我们在努力寻找答案。其实，幸福与不幸都是由我们自己掌控着。

想获得幸福的人应采取积极的心态，这样，幸福就会伴随在他们的身边。那些心态消极的人掌控不了幸福，所以他们只能生活在不幸之中。

有一首关于幸福的流行歌曲这样唱道："我想获得幸福，但是我只有使你幸福了，我才会得到幸福。"

寻找自己幸福的最可靠的方法，就是竭尽全力使别人幸福。幸福是一种难以捉摸的、瞬息万变的东西。如果你去追求它，就会发现它在逃避你。但是如果你努力把幸福送给别人，它就会来到你的身边。

作家克莱尔·琼斯的丈夫是美国中南部俄克拉荷马城大学宗教系的一位教授。琼斯谈到他们在结婚初期所经历的一种幸福："在婚后的头两年中，我们住在一个小城市里，我们的邻居是一对年老的夫妇，妻子几乎瞎了，并且瘫在

第一章
人生是一个不断选择与放弃的过程

轮椅中。丈夫身体也不好,整天待在房子里照料着妻子。在圣诞节的前几天,我和丈夫情不自禁地决定装饰一棵圣诞树送给这两位老人。我们买了一棵小树,将它装饰好,带上一些小礼物,在圣诞前夜把它送过去了。老妇人感激地注视着圣诞树上耀眼的小灯,伤心地哭了。她的丈夫一再地说:'我们已经有许多年没有欣赏圣诞树了。'以后每当我们拜访他们,他们都要提到那棵圣诞树。这是我们为他们做的一件小事。但是,我们从这件小事中得到了幸福。"

琼斯夫妇用他们的友好获得了一种幸福———一种十分深厚而温暖的幸福,这种幸福将一直留在他们的记忆中。

你可能是幸福的、满足的,也可能是不幸的,但你有权力选择其中的一种,而决定因素是你采取积极的还是消极的心态去选择。

有这样一个小故事:很久以前,在威尼斯的一座高山顶上,住着一位年老的智者,至于他有多老,为什么会有那么多智慧,没有人知道,只是据说他能回答任何人的任何问题。

有两个调皮捣蛋的小男孩不以为然。有一天,他们打算去愚弄一下这个老人,于是就抓来了一只小鸟去找他。一个男孩把小鸟抓在手心,一脸诡笑地问老人："都说你能回答任何人提出的任何问题，那么请您告诉我，这只鸟是活的还是死的？"

老人当然明白这个孩子的意图，便毫不迟疑地说："孩子啊，如果我说这鸟是活的，你就会马上捏死它，如果我说它是死的呢，你就会放手让它飞走。你看，孩子，你的手掌握着生杀大权啊！"

"你的手掌握着生杀大权"，是的，我们每个人都应该记住这句话。我们每个人的手里都掌控着自己快乐和幸福的"生杀大权"。主宰幸福的不是上帝，而是我们自己，怎样选择完全在于一个观念，一个思路，一种态度，一种选择。

世上没有绝对幸福的人，只有不快乐的心。而你是唯一可以掌握它方向的人。如果你把苦难和不幸分摊给别人，回报你的也只能是苦难和不幸。有这样一些人：他们总有烦恼。不论发生了什么事，他们都认为那些事是不称心如意的。这恰恰是因为他们总是把烦恼分摊给别人。

有许多孤独的人渴望爱情和友情，但是他们却得不到。有些人用消极的心态排斥他们所寻找的东西，还有一些人把自己关闭在狭小的天地里，始终不敢冲出去。他们只能幻想什么良好的东西会来到他们的身边。即使他们得到了这些东西，也绝不会把它们分给别人。他们不懂得：如果你把你所拥有的良好而称心的一部分东西分给别人，你所获得的会更多。然而，也有一些孤独的人有勇气去做一些事，以克服他们的孤独。他们将良好和称心的东西分给别人的同时，也找到了克服孤独的答案。

人生是美好而短暂的。在这个奇妙的旅程中，仁慈的上帝以最公平的爱心来善待他的子民，他让每一个人都是空着双手来，又空着双手离开。所以，不要只看到或羡慕别人所拥有的，而看不到自己所拥有的，甚至抱怨自己没有，抱怨上帝不公，应该多想想你拥有的，这样你就会懂得知足常乐了。

04 选择
积极的人生

一百多年前，曾有这样一个人，她看不到任何东西、听不到任何声音，但她仍能讲话、写作、读书以及广交朋友，而且她还读过大学、出版了近12本书、周游过世界，甚至还被12位美国总统接见过，一直活到了88岁。这个人便是海伦·凯勒。

海伦·凯勒来自美国亚拉巴马州塔斯坎比亚小镇上的一个小农场，正是她教会了整个世界如何去尊重盲人和聋哑人。海伦的人生经历非常悲惨：在她1岁多时，一场重病让她失去了视觉和听觉。她仿佛进入了一个完全不同的世界，这里有着截然不同的新规则，使她无法适应，甚至倍感沮丧。海伦7岁那年，她的父母意识到需要有人来帮助她，因此他们为她请了一位家庭教师，她的名字叫安妮·沙利文。

安妮·沙利文5岁的时候几近失明，后来的两次手术虽然给她带来了光明，但也只能在短时间内读一些印刷规范的文字。1886年，安妮从帕金斯盲校毕业，并开始找工作。然而对于安妮这样一位视力有限的人来说，找份工作是件极其困难的事。当她得知海伦的父母请她做小海伦的家庭教师时，尽管在这方面毫无经验，她还是欣然接受了这份工作。

安妮开始给7岁的小海伦上课，为了使海伦能与人正常沟通，安妮开始在海伦的手上拼写单词，教她认字。后来的日子，安妮一直陪伴在海伦身边，海伦始终称她为"老师"。"我一生中最重要的日子便是我的老师来到我身边的那一天"，海伦后来曾这样说道。

安妮是一位既严格又十分耐心的老师。在短短的几天里，她便教会了海伦如何用手去拼写单词。然而海伦无法理解这些词的实际意义。直到一天清晨，海伦在喷水池旁得到了一种全新的认识。安妮把海伦的手放在了水中，接着便在海伦的另一只手心写下"水"这个单词。这种感觉对于海伦来说真是太美好了！感觉转化成了字符。"这个有了生命的单词，唤醒并释放了我的灵魂，给我带来了光亮、希望和快乐。"随即，海伦弯下腰轻轻拍打地面，安妮便在她手心拼出了"大地"这个词。海伦的大脑飞速转动，那一天她学会了30个单词。

此后，海伦的学习有了惊人的进展。在她之前，人们从未见过一个聋哑人有如此的学习能力。海伦10岁时便开始在霍勒斯曼学校学习。萨拉·芙乐娃

第一章
人生是一个不断选择与放弃的过程

成为她的第一位口语老师。通过触摸感知老师说话时发出的震颤，最终，海伦学会了手语、盲人点字法，她开始学习说话。尽管人们很难理解海伦话语所表达的意思，但她从未放弃。同时海伦还学会了用盲人点字法去阅读法语、德语、希腊语的文章。海伦曾就读于纽约的怀特·赫玛森聋校，她还曾以优异的成绩毕业于拉德克利夫学院。

海伦在她的自传《中流》以及《我的生活》中曾这样描述过她对文字的如饥似渴："文学作品便是我的乌托邦。在这里我不会有任何的感官障碍。书籍就是我的朋友，任何感官的残障都不能阻碍我和这些朋友的深切交往。和它们对话我毫无尴尬之感。"22岁时，海伦出版了她著名的自传《我的生活》。这部自传主要讲述了海伦战胜聋哑和失明的经历。这本书被翻译成了五十种语言文字。写这本书时，海伦用了两种打字机，一种是常人使用的打字机，另一种是盲人所使用的盲人点字法打字机。海伦甚至还用盲人打字机去进行校对。她的手稿中几乎没有任何排版错误。

海伦还通过研究、演讲等形式为许多组织筹募基金。她曾为美国盲人基金会和美国海外盲人基金会组织募捐，如今美国海外盲人基金会已更名为国际海伦·凯勒协会。1946至1957年间，海伦奔走于世界各地，讲述她的人生经历，向人们呼吁盲人应有的权益。她曾走访过五个大洲的39个国家。海伦同样创作了许多艺术作品，其中包括两部奥斯卡获奖影片以及诸多其他奖项，她被授予了美国公民的最高荣誉——"总统自由勋章"。

1968年，海伦·凯勒在睡梦中告别了这个世界。她最终成为一名优秀的领袖，这正是她的潜力所在。

1994年，西奥多·泽尔丁在他的《人性亲密史》中这样写道："谈及世界历史时如果不提及海伦·凯勒的名字，那么这部历史就不能说是完整的……海伦·凯勒战胜了她视觉和听觉障碍的事实是伟大的胜利，比起亚历山大大帝的丰功伟绩，海伦·凯勒胜利的意义更为重大，这是因为她的精神仍能影响每一个活着的人。"

这就是海伦·凯勒积极的人生。当面临困难和不幸时,绝不能自怨自艾,而是以一种乐观的态度,豁达、宽广的胸怀来承受,相信阳光离你便不再遥远。

第一章
人生是一个不断选择与放弃的过程

05 有什么样的选择
　　就有什么样的人生

选择是一种态度，态度决定选择，选择决定人生。人生就是由连续不断的选择组成的。事实上，成功或失败，幸福或痛苦都是选择的结果，有什么样的选择就有什么样的人生。

有3个人：一个美国人、一个法国人和一个犹太人，要被关进监狱3年。在将他们送进监狱之前，监狱长给他们3个人每人提一个要求的机会，并表示将尽最大可能满足他们的要求。

美国人最爱抽雪茄，要了3箱雪茄带回自己的牢房。法国人爱浪漫，要求一名美丽的女子相伴，监狱长也答应了他。而那名犹太人则表示，他只要一部与外界联系的电话即可。

3年之后，第一个冲出监狱大门的是美国人，他的嘴里、鼻孔里全塞满了雪茄，手里还捏着一把，大声喊道："给我火，我要火！"原来他只记得要雪茄，却忘了要火。第二个出来的是法国人，只见他怀里抱着一个孩子，而那名"美丽的女子"（现在已不再美丽）手里还牵着一个年龄稍大的孩子。最后出来的是那位犹太人，他紧紧握住监狱长的手，激动地说："谢谢你，因为有了那部电话，这3年来我每天都与外界保持联络，我的生意不但没有停顿受损，业绩反而翻了两番。为了对你表示感谢，我决定送你一辆劳斯莱斯！"

从这个故事中，我们可以看出，什么样的选择，决定什么样的人生。在现实中，我们每天所做的每一件事都是一种选择，选择学校、选择专业、选择公司、选择伴侣。我们每时每刻也都在进行选择，选择食物、选择衣服、选择座位。选择做或不做某些事，选择说或不说某些事。

你可能会说："这些都是毫不起眼的选择。如果是重大的选择，我会从长远利益出发的。"这是一种错误的说法，在人的一生中只有屈指可数的几个关键时期，只会面临寥寥可数的几个重大选择，即使此时你会从长远的角度做出取舍，但最终也会被日常生活中众多的、从眼前利益出发的、毫不起眼的选择抵消掉。只选择眼前利益，决定了你只能拥有平凡的人生。

　　选择是你的权力，但选择决定你的人生。别轻视那些平凡的选择，坚持用长远的眼光来看待它们，你将一步一步走向成功。因为你选择的是未来，所以你将得到更加幸福的未来。

06 没有什么
　　是不可能的

两只青蛙不小心掉进了同一只奶桶里。

一只青蛙想："完了，全完了！这么高的牛奶桶，我永远也跳不出去了。"于是，这只青蛙很快就沉入桶底。

另一只青蛙看见同伴沉没了，并没有沮丧、放弃，而是不断地告诫自己："上帝给了我坚强的意志和发达的肌肉，我一定能够跳出去。"

第一章
人生是一个不断选择与放弃的过程

这只青蛙一次又一次奋起、跳跃，不知过了多久，它突然发现脚下的牛奶变得坚实起来了。原来，它反复践踏和跳动，已经把液状的牛奶变成了一块奶酪！最后，这只青蛙轻盈地从奶桶里跳了出来。

无法想象一只小小的青蛙是怎样用细弱的双脚把一桶液状的牛奶变成一块奶酪的。在这只青蛙面前，我们有很多人都会感到惭愧。

毅力是取得成功不可缺少的条件之一。有时候，也许就是少了毅力与坚持，成功才会与你擦肩而过。

一个凡事坚持到底、有毅力的人，就像跳出奶桶的青蛙一样，成功必将向他招手。同样的，那些在商战中表现出破釜沉舟的勇气和毅力的企业往往会赢得宝贵的市场机会。而那些缺乏毅力的犹豫沮丧者，永远都不会引起别人的敬仰，也不会得到别人的信赖，更不能成就什么大事。

古代先哲们曾告诫我们："锲而不舍，金石可镂。"意思是说，不停息地用刀子刻下去，即使是坚硬的金石也会被刻穿。当"天资"失败、"机智"隐退、"才能"也说不可能，事业陷入困境的时候，我们只有依靠"毅力"把"液状的牛奶变成奶酪"，把"金石镂刻成精湛的艺术品"。

然而，太多的人和企业虽为自己制定了完美的计划，并决定坚定不移地去执行这个计划，但当他们向目标挺进的时候，外界的困扰，环境的改变，对莫测前途的担忧，以及对自身能力的怀疑等许多障碍不断涌来，最后冲毁了并不坚固的堤坝，于是他们完美的计划破灭了。

做任何事情都必须有恒心、有毅力。不管你是一个人、一个组织，还是一个企业，当你选定了目标之后，就必须坚定信念，不达目的，誓不罢休。当然你可能会遇到挫折，遭遇困难，但这并不可怕，可怕的是你对自己说"不"。把"不"变成"没有什么是不可能的"，这样你才能有毅力坚持到底，才能感受到成功的欣喜。

07 懂得选择，
　　学会放弃

三个旅行者同时住进了一家旅店。

早上出门的时候，一个旅行者带了一把伞，另一个旅行者拿了一根拐杖，第三个旅行者什么也没有拿。晚上归来的时候，拿伞的旅行者淋得浑身是水，拿拐杖的旅行者跌得满身是伤，而第三个旅行者却安然无恙。于是前两个旅行者很纳闷，问第三个旅行者："你怎么会没事呢？"

第三个旅行者没有回答，而是问拿伞的旅行者："你为什么会淋湿而没有摔伤呢？"

拿伞的旅行者说："当大雨来临的时候，我因为有了伞就大胆地在雨中走，却不知怎么淋湿了；当我走在泥泞坎坷的路上时，我因为没有拐杖，所以走得非常仔细，专拣平稳的地方走，所以没摔伤。"

然后，他又问拿拐杖的旅行者："你为什么没有淋湿却摔伤了呢？"

拿拐杖的旅行者说："当大雨来临的时候，我因为没有带雨伞，便拣能躲雨的地方走，所以没有淋湿；当我走在泥泞坎坷的路上时，我使用拐杖拄着

第一章
人生是一个不断选择与放弃的过程

走,却不知为什么不断跌倒。"

第三个旅行者听完两人的回答后笑笑,说:"这就是我安然无恙的原因。当大雨来时我躲着走,当路不好时我小心地走,所以我没有淋湿也没有摔伤。你们的失误就在于你们认为有了优势便少了忧患。不懂得去选择,去放弃。"

看完这个故事,我们不难发现:第三个旅行者才是真正的智者。他的旅行没有思想包袱,他懂得选择,同时也学会了放弃,所以他既没有被雨淋湿也没有跌伤自己。

当你面临选择时——不管是为企业发展指明方向,还是为团队制定目标,或者仅仅是安排一天的工作——你必须懂得选择和放弃。当然,这不是一个简单的选择,随意选择是不负责任的,必须经过科学的分析和判断。

事实上,对各个项目的机会成本加以分析并不困难,难的是与自己的贪欲作战。我们总是妄图占领所有利润空间大的市场,甚至想赚尽全世界的钱。正是这种贪欲使得我们原本聪明的头脑变得愚钝,最终做出错误的决策。如果企业的富余资金只够投资A市场的话,那你就不要盯着B市场。同样的道理,如果你的精力只够处理一件事情的话,那么就不要去想另一件事情。根据自己的实际情况做出选择,适时放弃,这是最明智的做法。

08 不要把简单的
问题复杂化

  有一个国家给新西兰的一个动物园捐赠了两只袋鼠。为了好好哺育繁殖更多的袋鼠，动物园方面咨询了动物专家，然后耗资兴建了一个既舒适又宽敞的围场。同时，动物园筑了一个1米高的篱笆，以免袋鼠跳出去逃走。奇怪的是，第二天早上，动物管理员发现两只袋鼠在围场外吃着青草。园方认为篱笆的高度过低，所以他们将篱笆加高了0.5米，心想这下没问题了吧。但是，同样的事情隔天又发生了，袋鼠又跑到了篱笆外面。所以，管理员便建议动物园方面将篱笆增高到2米。但让管理员吃惊的是，第二天早晨，袋鼠仍旧不在围场内，而是在篱笆外悠闲地吃着青草。

  这时，隔壁围场的长颈鹿忍不住问其中一只袋鼠："你是怎么跳出2米高的篱笆的？你到底能跳多高？"

  袋鼠笑着回答说："我实在搞不懂他们为什么一直在加高篱笆的高度。事实上，我们从来都不曾跳过篱笆，而是走出围场的，因为他们从来就没把围场的门给关上。"

第一章
人生是一个不断选择与放弃的过程

你一定可以想象得到,动物园方面不断地加高篱笆,但总也"关"不住袋鼠,那该多么困惑呀。

有些时候,我们会不自觉地把原本简单的问题搞得复杂了,就像袋鼠不在围场里,本来最有可能是经门走出去的,而管理员却只想到了篱笆太矮。这样原本只是关上门就能解决的问题,却被复杂到不断地加高篱笆也解决不了的地步。很多时候在面对简单的问题时,我们往往不敢去想最简单的答案——那往往会使自己显得很愚蠢。

一家公司招聘总经理时出了一道算术题:十减一等于几?有的应试者说:"你想让它等于几它就等于几。"还有的说:"十减一等于九,就是消费;十减一等于十一,那是经营;十减一等于十五,那是贸易。"只有一个人老实地回答:"等于九。"结果,他被录用了。

不要把复杂的问题简单化，但也不要把简单的问题复杂化。如果只要关上门就可以解决问题，那就不要去动篱笆。

幸福的生活也可以很简单，不需要太多华丽的物质，只需要有自己喜欢的人陪伴在身边，有自己喜欢的东西即可。享受生活并不等于享受物质，重要的是知道自己想要什么。你想要一个简单的、充满意义的人生，并为之努力，你就会感到幸福并满足。

第一章
人生是一个不断选择与放弃的过程

09 凡事要思考

世界交响乐指挥大赛已进入决赛阶段。

在世界上享有盛誉的著名指挥家小泽征尔正在专注地指挥乐队,力争在决赛中脱颖而出。

忽然,他发现乐谱上有不和谐的地方,起初,他以为是乐队演奏错了,就停下来重新演奏,但仍不如意。乐谱可是评委会给他的,这不容置疑。

这时,在场的作曲家和评委们郑重地说乐谱绝对没有问题,这是小泽征尔的错觉。

面对着一大批音乐大师和权威人士,小泽征尔思考再三,突然大声说道:

"不!一定是乐谱错了!"

话音刚落,评判席上立即响起热烈而持久的掌声。

原来,这是评委们精心设计的一个陷阱。一位出色的指挥家不但要有高超的指挥才能,还要敢于发现乐谱错误,并在遭到"权威"否定的情况下,仍旧坚持自己的判断,这对于指挥家来说,尤为重要。

铭鉴经典
主动选择 敢于放弃

前几位参赛的指挥家虽然也发现了错误,但他们趋同权威而遭到了淘汰。因此,小泽征尔摘取了这次指挥大赛的桂冠。

我们无法预知未来,所以很多事情成功与否常常取决于你是谨慎小心还是鲁莽草率。有些人之所以失败,就是因为缺乏思考。

"先了解你要做什么,然后去做。"对做事草率的人来说,这是很好的座右铭。假如决断和行动力是迈向成熟的必要条件,则表示我们所采取的行动,必须根据良好的分析与判断。

著名发明家爱迪生在谈到自己做事的原则时说:"有许多我自以为对的事,一经实践之后,往往就会发现错误百出。因此,我对于任何大小事情,都不敢过早草率地做出肯定的决定,而是要经过仔细权衡斟酌后才去做。"

爱迪生的这番话,用我们中国的一句古语来概括,就是"三思而后

第一章
人生是一个不断选择与放弃的过程

行"。其实,一切有成就的人,都是善于思考的人。即使在现代职场,勤于思考也是职场人士做事的金科玉律,值得我们遵守。

心灵导师戴尔·卡耐基先生曾访问过哥伦比亚大学的已故院长赫伯·郝克先生。在访问过程中,卡耐基特别提到郝克院长的书桌是多么整洁——因为像他这么一个大忙人,桌上通常会堆满许多资料或文件。

"要处理这么多学生的问题,你一定要随时做出许多决定。"卡耐基先生说道,"但是,你看起来十分冷静、从容,一点都显不出焦虑的样子。请问,你是如何做到这一点的?"

郝克院长回答道:"我的方法是这样的——假如我必须在某一天做某一项决定,通常我都事先收集好各种相关资料,并认定自己是'发掘事实的人'。我并不浪费时间去设想该如何作决定,只是尽可能去研究与问题有关的所有资料。等我研究完毕,决定便自然产生了,因为这都是根据事实而来的。听起来十分简单,是吗?"

澳大利亚的贝弗里奇曾经这样说过:"若要不失独创精神和观点的新鲜,对待事物时就必须抱有思考的态度。"

小娜的朋友曾介绍她到一个公司去工作。小娜对她的朋友说:"这家公司的情况如何我不大清楚,让我考虑一下好吗?"

小娜在考虑的这段时间里,注意搜集有关这个公司的资料,并在一个聚会上见到了这个公司的总经理。小娜发现这个总经理精神不振,并未显示出事业得意的样子。小娜从这个小细节上,认识到这个公司不景气,于是她重新找了一家公司去工作。之后不久,朋友介绍的那个公司就倒闭了。

当你在工作或者生活中遇到问题时,不要盲目行动,静静心,细细地考虑斟酌一番。我们有自己的头脑,经过它思考出来的东西,才是属于我们自己的,这样的东西才会对我们有用。"三思而后行"的做事原则,虽然不能保证你一做就会成功,但会使你的成功率达到最高点。

10 患得患失，
　幸福也会离你而去

人生在世，有得有失，有盈有亏。有人说，你得到了事业成功的满足，同时就失去了眼前奋斗的目标；你得到了巨额财产，同时就失去了淡泊清贫的欢愉。我们每个人如果认真地思考一下自己的得与失，就会发现，整个人生就是一个不断地得而复失的过程。

第一章
人生是一个不断选择与放弃的过程

从前，晋国有一位并不富裕的农夫不小心丢失了一头牛，可他仍像从未丢失过什么值钱的东西似的，整天乐呵呵的。旁人不解，问他为何不去寻找丢失的那头牛？农夫笑笑说："牛是在晋国丢失的，肯定被晋国人拾到了。牛还在晋国，我何必费心去找它呢？"

孔子听说这件事后说，如把"晋国"两字去掉不是很好吗？老子感慨道，要是再把"人"字去掉就更好了！

晋国农夫没有因为自己家中丢失了一头牛而沮丧，更没有因为自家有所损失而悲伤，而是从容又洒脱地把自己之物推及为晋人之物，从而得出一国之内物之没有得与失。这是人生的第一境界。

孔子认为，此人的境界还有个局限，应该把自己之物推及到世人之物，突破有限的国界，其境界更为宽广。这是人生的第二境界。

而老子更高一筹，他把一头牛放进大自然中，挣脱了人之束缚，让其往来无牵挂，真正回归自然。这是人生的第三境界，也是最高境界。

人生得失是常事，人的一生不可能永久地拥有什么。面对得失，能够达到像晋国农夫那样坦然的心胸，心中会少些阴郁的云朵，透进更多的阳光。如果能像孔子所言，人世间的种种得失便随风而去，红尘中的你还能不轻装上阵？更甚者，如老子，人生无所谓得与失，让心灵像云一样飘逸，让思绪无边际地驰骋，定会看到风光无限。

人生如白驹过隙，面对种种挫折与失败，有什么样的心态，就会有什么样的人生。

楚国有一个人叫支离疏，他的形体是造物主的一个杰作或者说是造物主在心情愉快时开的玩笑，脖子像丝瓜，脑袋形似葫芦，头垂到肚子上，而双肩高耸超过头顶，颈后的发髻蓬蓬松松似雀巢，背驼得两肋几乎同大腿并列，好一个支支离离、疏疏散散的"半成品"！

然而支离疏却丝毫不为自己的尊容而伤心，相反，他感谢上苍独钟于

铭鉴经典
主动选择　敢于放弃

他，平日里乐天知命，舒心顺意，日高尚卧，无拘无束。替人缝衣洗衣服，簸米筛糠，足够维持基本生活。当君王准备打仗，在国内强行征兵时，青壮汉子如惊弓之鸟，四散逃入山中。而支离疏呢，偏偏耸肩晃脑去看热闹，他这副尊容谁要呢，所以他才那样大胆放肆。

当楚王大兴土木，准备建造王宫而摊派差役时，庶民百姓不堪骚扰，而支离疏却因形体不全而免去了劳役。每逢寒冬腊月官府开仓赈贫时，支离疏却欣然前去，领到三盅小米和十捆粗柴，仍然不愁吃不愁穿。

一个在形体上支支离离、疏疏散散的人，尚能乐天知命，以自然的心性，安享天年。那么如果用这种心态对待人生，难道还不可逢凶化吉、远害全身吗？

月满则亏，水满则溢，这是世之常理。否极泰来，荣辱自古周而复始。因此，大可不必盛喜哀悲，得喜失悲。盛与衰、得与失自有天空。凡人皆有七情六欲，面临得失，很少有人能泰然处之，患得患失的心情使本来平静的生活乱成一团，这又何苦呢。

有位朋友这样看待得失。他说得失就像人体内的血，缺少了就会贫血、眩晕乃至危及生命，而太多了就会引发血稠、血脂升高，同样会危及生命。

由此可见，保持一份平常心，才是面临得失的处世之道。别人得到再多也是别人的，与你丝毫不相干；别人失去再多也是别人的，你能帮则帮，帮不上也没必要问心有愧。同样，你得到的再多也是凭能力得到的，付出自有回报，没有必要因此而沾沾自喜；你失去再多也只能从自己身上找原因，客观情形本来就是千变万化，怨不得别人。这样看来，问题岂不简单得多了？

人赤条条地来到这个世界，又手握空拳地离去。在你得到什么的同时，其实也在失去。所以说人生获得的本身就是一种失去。

正确看待得失，遇事不紧张，不为小事计较，不莫名其妙生气哀伤，不悲天悯人，主动适应变化。

第一章
人生是一个不断选择与放弃的过程

患得患失就是一味地担心得失，斤斤计较个人的得失。患得患失是人生的精神枷锁，是附在人身上的阴影，是浮躁的一个重要表现。

夏朝的后羿是一位神射手。他练就了一身百步穿杨的好本领，立射、跪射、骑射样样精通，而且箭箭都射中靶心，几乎从来没有失过手。人们争相传颂他高超的射技，对他非常敬佩。

夏王也从手下的嘴里听说了这位神射手的本领，也曾目睹后羿的表演，十分欣赏他的功夫。有一天，夏王想把后羿召入宫中来，单独让他演习一番，好尽情领略他那炉火纯青的射技。

于是，夏王命人把后羿找来，带他到御花园里找了一个开阔地带，叫人拿来了一块一尺见方、靶心直径大约一寸的兽皮箭靶，用手指着说："今天请先生来，是想请你展示一下精湛的本领，这个箭靶就是你的目标。为了使这次表演不至于因为没有彩头而沉闷乏味，我来给你定个赏罚规则：如果射中了的话，我就赏赐给你黄金万两；如果射不中，那就要削减你一千户的封地。现在请先生开始吧。"

后羿听了夏王的话，一言不发，面色变得凝重起来。他慢慢走到离箭靶一百步的地方，脚步显得相当沉重。然后，后羿取出一支箭搭上弓弦，摆好姿势拉开弓开始瞄准。

想到自己这一箭出去可能发生的结果，一向镇定的后羿呼吸变得急促起来，拉弓的手也微微发抖，瞄了几次都没有把箭射出去。后羿终于下定决心松开了弦，箭应声而出，"啪"的一声钉在离靶心足有几寸远的地方。后羿脸色一下子白了，他再次弯弓搭箭，精神却更加不集中了，射出的箭也偏得更加离谱。

后羿收拾弓箭，勉强赔笑向夏王告辞，悻悻地离开了王宫。夏王在失望的同时掩饰不住内心的疑惑，就问手下道："这个神箭手后羿平时射起箭来百发百中，为什么今天跟他定下了赏罚规则，他就大失水准了呢？"

031

铭鉴经典 主动选择 敢于放弃

手下解释说:"后羿平日射箭,不过是一般练习,在一颗平常心之下,水平自然可以正常发挥。可是今天他射出的成绩直接关系到他的切身利益,叫他怎能静下心来充分施展技术呢?看来一个人只有真正把赏罚置之度外,才能成为当之无愧的神箭手啊!"

生活中往往有这样一些人,做什么事情之前都要反复考虑,对方方面面都考虑得尽量周到。做完之后又放心不下,担心把事情办砸;担心别人对自己的看法;担心自己的得与失。他们被笼罩在患得患失的阴影之中,心房被得失纷扰得没有一分安宁。这些人整天神经兮兮,心中布满疑虑,惴惴不安,生活当然不会有轻松与愉快。

得而不喜,失而不忧,在大得大失面前,若始终保持一份淡然的心境,那么这一生必定活得更从容。

日本东京岛村产业公司及丸芳物产公司董事长岛村芳雄,不但创造了著名的"原价销售法",更是通过这种方法,使自己由一个一贫如洗的店员变成一位产业大亨。

岛村芳雄初到东京的时候,在一家包装材料厂当店员,薪金十分微薄,时常囊空如洗。由于没钱买东西,岛村下班后唯一的乐趣就是在街头闲逛,欣赏行人的服装和他们所提的东西。

有一天,岛村又像往常一样在街上漫无目的地溜达,无意中,他发现许多行人手中都提着一个纸袋,这些纸袋是买东西时商店给顾客装东西用的。这时,岛村脑中闪现了一个想法,他认定这种纸袋一定会风行一时,做纸袋生意一定会大赚一笔钱。

考虑到自己一无经验,二无资金,岛村创造了一种新的销售方法,即"原价销售法",从而在激烈的商业竞争中站稳了脚跟,并为日后的发展打下了雄厚的基础。

所谓原价销售法,就是以一定的价格买进,然后以同样的价格卖出,在

第一章
人生是一个不断选择与放弃的过程

这个过程中，中间商没有一分钱的利润。

岛村先从麻产地冈山的麻绳商场，以一条5角钱的价格大量买进45厘米规格的麻绳，然后按原价卖给东京一带的纸袋工厂。这种零利润的生意做了一年后，在东京一带的纸袋工厂中，人们都知道"岛村的麻绳确实便宜"，订货单也像雪片一样从各地源源而来。

见时机成熟，岛村便开始着手实施自己的第二步行动。他先拿着购货收据，前去订货客户处诉苦："你们看，到现在为止，我是一毛钱也没有赚你们的。如果再让我这样继续为你们服务的话，我便只有破产的一条路可走了。"

交涉的结果是，订货客户被岛村的诚实和信誉所感动，心甘情愿地把交货价格提高为每条5角5分钱。

接下来，岛村又与冈山麻绳厂商洽谈："您卖给我一条5角钱，我是一直按原价卖给别人，因此才得到现在这么多的订货。如果这种不赚钱的生意让我继续做下去的话，我只有关门倒闭了。"

冈山的厂商一看岛村开给客户的收据存根，大吃了一惊。这样甘愿做不赚钱生意的人，他们还是生平第一次遇到。于是，这些厂商们没有多加考虑，就把价格降低为一条4角5分。

如此一来，以当时一天1000万条的交货量来计算，岛村一天的利润就可以达到100万元。创业两年后，岛村就成为名满天下的人。

学会习惯于失去，往往能从失去中获得。真正的智者，真正的有抱负、有理想的人，不会计较一时的得与失，他们往往把眼光投向更远处，看到自己此时的损失能够为未来带来的好处。

11 做出
最积极的选择

人生所走的每一步都是在选择中完成的。选择的不同导致了命运的迥异。消极的选择会让你前功尽弃，积极的选择才会使努力获得回报。

你的选择决定了你将获得的结果。一般来说，如果你的态度是正确积极的，那么你的选择就会是正确积极的；如果你的态度是错误消极的，那么你的选择也会是错误消极的。生活中，我们经常不知不觉地走到"十字"路口，让你去选择走哪一条路，而正是这一次的选择决定了我们以后的社会位置和人生状况。

明天的生活取决于今天的选择，未来的方向取决于现在的选择，要想获得成功与幸福，每时每刻都要做出最积极的选择。

选择包含着巨大的机会成本，当你做出了一种选择之后，就失去了选择另一种可能的机会。就像是喝水一样，当你的手中握了一只杯子后，你就无法再握稳第二只杯子。如果你想喝另一只杯子里的水，就必须先放下手中的杯子。因此，选择一定要积极、要慎重，否则，一念之差就可能导致结果的天壤

第一章
人生是一个不断选择与放弃的过程

之别。

在世界上的各个角落，我们常会看到一个老人的笑脸，花白的胡须，白色的西装，黑色的眼睛。这个笑容恐怕是世界上最著名、最昂贵的笑容了，因为这个和蔼可亲的老人就是著名快餐连锁店"肯德基"的招牌和标志——哈兰·山德士。

那年，他65岁，已是退休年龄，所能依靠的只是每月从政府那儿领回的105美元养老金。但是山德士并不想就此了却一生，而且这点养老金根本不能维持生活，还是要靠自己。他知道他制作的炸鸡深受顾客欢迎。何不把这个炸鸡配方做一份事业，让更多的人吃到这么美味的炸鸡，于是他到印第安纳、俄亥俄及肯塔基各地的餐厅，将炸鸡的配方及方法出售给有兴趣的餐厅。刚开始，几乎没有人相信这个靠养老金生活的糟老头，但是山德士并没有因此放弃。经历了整整730个日日夜夜、1009次失败后，他终于听到了一声"同意"。1952年，在盐湖城的首家被授权经营的肯德基餐厅建立。令人惊讶的是，在短短的5年内，山德士在美国及加拿大已发展有400家的连锁店，这便是世界上餐饮加盟特许经营的开始。山德士成功了！于是就有了现在遍布全世界的"肯德基"。

从这个故事中，我们可以看到，积极的态度将会让人采取积极的选择，最终获得自己的美好前程。

选择是你自己的事，你的选择必须由你自己来决定，而不应该被别人或外界因素所左右，即使这些因素不可避免，你也必须克服或缩小它们对你的影响。其实，如果你选择的态度是正确的，那么，其他因素对你发挥作用的可能性就要小得多。因此，要想获得正确积极的选择，就必须先树立正确积极的态度。

选择需要正确的认识，需要对自己和对选择对象有充分的了解，对每一种选择的利弊得失有良好的判断。只有这样，你才知道什么是正确积极的选择，什么是错误消极甚至毁灭性的选择。

主动选择 敢于放弃

正确的选择是成功的起点，而错误的选择常常是毁灭的开始。当然，这里的正确或错误，是你自己思考和判断的结果。因此，选择也就意味着风险。但是，你绝不能因为惧怕风险就不选择，不选择其实也是一种选择，只不过是一种消极的选择。如果你的态度是正确的，并且你所做出的是当时最积极的选择，你就要相信自己的选择——即便这种选择后来被证明是错误的（当然你应该进行反思和纠正）。一个真正具有正确态度和成功素质的人，无论在什么时候，都能理智地做出自己所认为的正确积极的选择。

"钢铁大王"安德鲁·卡耐基在创业之前，曾经当过美国铁路公司的电报员。有一次假日期间，轮到卡耐基值班。电报机突然响起，传来一份紧急电报，电报的内容让卡耐基几乎从椅子上跳了起来。原来，附近铁路上有一列货车车头出轨了，请求照会各班列车改换轨道，以免发生碰撞。

然而，当时正值假日，卡耐基一时找不到可以下达紧急命令的上层领导。眼看时间一分一秒地过去，而一辆满载旅客的列车正急速驶向出事地点。他必须马上做出选择：不发电报，任由事态发展；立即以公司领导的名义发电报，制止意外的发生，但他第二天将被革职。

情况刻不容缓，卡耐基果断地敲下了发报键，调度该轨道的各班火车司机立即改换轨道，从而避免了一场灾难。

按照当时铁路公司的规定，电报员冒充公司领导的名义发报将被革职处理，卡耐基非常清楚这项规定。于是，第二天上班他便将辞呈写好放到上司的办公桌上，主动申请离职。

上司看到他的辞呈之后，将他叫到办公室，请他坐下，当着他的面将辞呈丢进了垃圾桶，然后拍拍他的肩膀说："你做得很好，你不仅没有犯错误还立了功，我们将为你颁奖，并升任你为值班经理。记住，这个世界上有两种人永远都在原地踏步：一种是不肯听命行事的人，另一种是只听命行事的人，而你不是他们中的一员。"

第一章
人生是一个不断选择与放弃的过程

> 你做的很好，你不仅没有犯错误还立了功。

选择往往是一刹那的事情，但积极的选择却是一种态度，一种意识，一种习惯，是长期正确思维的结果，而不是误打误撞。

任何时候，都要争取最积极的结果，做出最积极的选择。对每个人来说，应坚持这样的原则：选择你所爱的，爱你所选择的。如果你不能选择你所爱的，那就爱你所选择的。不论在怎样艰难的环境中，人都有最后的一项权力，那就是选择的态度。

铭鉴经典
主动选择　敢于放弃

12 有所不为
　　才能有所为

　　孟子游历到梁国，宣讲自己的王道之术。

　　孟子对梁惠王说："请大王施行王道，不要施行霸道，并且要对百姓施行仁义，只有这样，梁国才能强盛起来。"

　　梁惠王说："我觉着自己做得已经很不错了，比其他诸侯国的国君要强得多，但不知为什么，我们梁国的人口并未增加，其他国家的人并未因为我施行你所说的王道而前来投奔啊！"

　　孟子说："你喜欢打仗，现在我们就拿打仗来做个比喻吧！打仗时战鼓咚咚敲响，前方士兵便奋勇冲向敌方，临到敌方的长矛向自己刺来、大刀向自己砍来时，有许多士兵便吓得拖着兵器往回逃跑。他们有的离开战场一百步停了下来，有的离开战场五十步停了下来。于是离开战场五十步的士兵便讥讽那些离开战场一百步的士兵，大王认为这对吗？"

　　梁惠王说："那怎么行，只不过他少向后跑了五十步罢了，他仍是一个临阵脱逃的士兵呀！"

第一章
人生是一个不断选择与放弃的过程

孟子说:"大王知道这一点就好,像你现在这样就满足,怎么能指望你国的人口会增多呢!"

有所不为,是明智;有所为,是魄力。孟子曾经说过:"人有不为也,而后可以有为。"明代吕坤也认为,"有所不为,为必成。"意思是说,"为"与"不为"是一对矛盾,"有所不为"才能"有所为","有所不为"方能"为必成"。反过来说,如果不分主次、轻重、缓急,不讲条件,不顾后果,只凭主观愿望,什么事都想"为",势必"无为"又"无成"。

一个人的精力是有限的,要想在某件事情上做出成绩,就必须投入较大的精力。那么在其他的事情上也就必然的减少精力。什么事情都想干的人往往什么事情都干不好。这也就是所谓的"有所不为才能有所为"。

有所不为,并不是无所事事;有所为,就是有事可做。有事可做的人才能活得充实;无事的人就容易"生非"。有所不为是放弃,可望而不可即的事固然可以去想,但是一定不要去做。有所为是选择,选择那些我们擅长做的事。

为与不为,不仅是对某些具体目标的选择而且是对整个人生方向的把握。有所为,是人生的希望所在,有了这种希望,再难的路我们会奋勇向前。有所不为,不是为自己不愿做事而找借口,也不是为自己没做出什么成绩而找托辞，更不是为自己没有本事而辩护。要想有所作为，就必须有所不为。有位哲人说：人一生只能做好一件事。的确，我们只有一双手，所以我们应该去抓该抓的，值得抓的东西，要切实做到"有所为有所不为"。

生活中，我们要学会放弃，有选择地放弃，坦然地放弃，只有这样才能做到"放下包袱，轻装上阵"，正所谓"轻履者行远"。人的欲望是无止境的，"贪"是人的本性，因为美好的事物总是大家所向往的、要追求的。但鱼和熊掌不能兼得，因此，要学会适时地放弃，放弃就是拥有。

一个人想要把所有的事情都做好，什么都比别人强，这是不可能的。问题的关键在于我们自己认为最重要的东西一定要坚持，其他方面则应该学会虚心听取别人的建议，或者取得别人的帮助，该放弃的时候一定要放弃。

外国作家考门夫人在《荒漠甘泉》中写到："杰出的作品需要专心。"她列举爱迪生是电力学方面的奇才，但他没有时间研读希腊古籍和希伯来文；维多利亚·迪玛瑞斯献身传道之后，不能再专心练琴……考门夫人的观点是：为了某一事业，必须专心，放弃其他，也就是人们常说的——修剪藤萝和蔓枝，才能获得丰硕的果实。

一个人，应该认识到有所不为才能有所为，一味盲目地贪大求全，必然会人云亦云，失去自己的特色。学会放弃，学会倾听，人生会更加完整。

我们行走于社会中，一定要学会选择，学会放弃。有人说，品味人生，最大的快乐莫过于做出选择，最大的痛苦也莫过于做出选择，所以，每个人都要学会去选择。

一个人一生中的每个时刻都是在选择中度过的。要选择的先决条件就是抓住重点，学会放弃。学会了放弃，就离成功不远了，因为只有适时的放弃，才能专注，才能全力以赴。适时放弃，不仅需要胆识和勇气，更需要智慧和远见。人生之树，只有舍弃空想和浮华，才能收获丰硕甜美的果实。

"有所为，有所不为"两者是辨证统一的关系。"有所为"是目的，

第一章
人生是一个不断选择与放弃的过程

"有所不为"是达到目的的手段和方法。要想"有所为"就必须"有所不为";"有所不为"是为了更好地"有所为"。

"有所不为才有所为"看似简单的一句话,却能让人产生无尽的思考。有时,它是一种坚定的信念;有时,它是一种执著的精神;有时,它是一种无畏的勇气。但更多时候,它是一种高明的智慧。

一位哲人说过:"世事如棋局,不执著才是高手;人生似瓦盆,打破了方见真空。"这句话被人们广为流传,甚至被许多成功人士作为自己的座右铭。它让很多人看破了执著所带来的痛苦,因此学会了放弃。美国哲学家威廉·詹姆斯说过一句话:"明智的艺术就是清醒地知道该忽略什么的艺术。"每个人的精力、时间和生命都是有限的,有所为,有所不为,在人的一生中就显得至关重要了。

想要改变自己,想要有所作为,想要成功,就必须具备"有所为,有所不为"的智慧。每一个人都有自己的梦想,都有自己要完成的事,如果我们要实现自己的梦想,达到自己的目标,就让我们集中我们的力量,排除那些可能影响我们前进的事情和思想,将它们列入到我们"所不为"的事情里面去吧。

第二章
选好人生的坐标，成功就在离你不远处

　　一个人怎样给自己定位，将决定其一生成就的大小。志在高峰的人不会落在平地，甘心做奴隶的人永远也不会成为主人。定位决定人生，定位改变人生。人生之路，无需苛求。只要你找到自己的坐标，路就会在你脚下延伸，人的生命就会真正创新，智慧就得以充分发挥。

01 选择人生的
      道路

　　人生的路有千万条，但并不是每条道路都适合你走，一旦选择错了，也许你一生都难以过得顺畅。只有正确选择人生的道路，才能实现自己的人生梦想。

　　伟大的抽象派画家毕加索说："准确的选择，你的才华就会得到更好的发挥。"

　　世界三大男高音之一的歌唱家帕瓦罗蒂，就是因为正确选择了人生的道路，向人们展示了他歌唱方面的才华。

　　帕瓦罗蒂1935年出生在意大利的一个面包师家庭。他的父亲是个歌剧爱好者，他常把卡鲁索、吉利、佩尔蒂莱的唱片带回家来听，耳濡目染，帕瓦罗蒂也喜欢上了唱歌。

　　小时候的帕瓦罗蒂就显示出了唱歌的天赋。

　　长大后的帕瓦罗蒂依然喜欢唱歌，但是他更喜欢孩子，并希望成为一名教师。于是，他考上了一所师范学校。在学习期间，一位名叫阿利戈·波拉的

第二章
选好人生的坐标，成功就在离你不远处

专业歌手收帕瓦罗蒂为学生。

临近毕业的时候，帕瓦罗蒂问父亲"我应该怎么选择？是当教师呢，还是成为一个歌唱家？"他的父亲这样回答："卢西亚诺，如果你想同时坐两把椅子，你只会掉到两个椅子之间的地上。在生活中，你应该选定一把椅子。准确地说，你只能选择一条人生的道路去走。"

听了父亲的话，帕瓦罗蒂选择了教师这个职业。不幸的是，初执教鞭的帕瓦罗蒂因为缺乏经验而没有权威。学生们就利用这点捣乱，最终他只好离开了学校。于是，帕瓦罗蒂又选择了另一条道路——唱歌。

17岁时，帕瓦罗蒂的父亲介绍他到"罗西尼"合唱团，他开始随合唱团在各地举行音乐会。他经常在免费音乐会上演唱，希望能引起某个经纪人的注意。

可是，近7年的时间过去了，他还是个无名小辈。眼看着周围的朋友们都找到了适合自己的工作，也都结了婚，而自己还没有养家糊口的能力，帕瓦罗蒂苦恼极了。偏偏在这个时候，他的声带上长了个小结。在菲拉拉举行的一场音乐会上，他的演唱就好像脖子被掐住一样，结果被满场的倒彩声轰下台。

失败让他产生了放弃的念头。

冷静后的帕瓦罗蒂想起了父亲的话，于是他坚持了下来。几个月后，帕瓦罗蒂在一场歌剧比赛中被选中，也就是1961年4月29日，在雷焦埃米利亚市剧院演唱著名歌剧《波希米亚人》，这是帕瓦罗蒂首次演唱歌剧。演出结束后，帕瓦罗蒂赢得了观众雷鸣般的掌声。

第二年，帕瓦罗蒂应邀去澳大利亚演出及录制唱片。1967年，他被著名指挥大师卡拉扬挑选为威尔第《安魂曲》的男高音独唱者。

其实，通往成功的路不止一条，不同的人可以选择不同的路。一旦选定了自己的路，便不再彷徨，勇敢地走下去，这样才能到达心中的目标。所以，面对人生，我们一定要保持一个清醒的头脑，做好人生的选择题。

02 面对两难的选择时要勇于放弃

森林中,老虎踏进了猎人设置的索套之中,挣扎了很长时间,它都没能使自己的脚掌从枷锁中逃脱出来。眼见猎人一步步逼近,老虎一怒之下,奋力挣断了这条被套住的脚掌,忍痛离开了这个危险地带。

老虎断了一只脚自然是很痛苦的,却因此而保住了性命,这是一个聪明的选择。这则寓言告诉我们:当面对两难的选择时,要勇于放弃,避免造成更大损失,从而做出更有利于长远发展的选择。

这个道理几乎人人明白,但实际上,却没有多少人能真正做到。

当你通过降低成本、缩减开支而使你的部门绩效大增,就在你雄心勃勃地想把成本再降低一点时,上级突然指示你的部门未来利润的增长点是新产品开发,你会怎么选择?

当你所看重的得力干将严重触犯了团队制度,并且引起了其他成员的强烈不满时,你该怎样取舍?

当你觉得现在所从事的工作与自己的兴趣和特长不符,不利于自己的发展，但离开这里你将不可能得到与现在同等的职位与薪酬时，你又会怎样抉择？

在现实中，类似这样的两难选择经常遇到，这时该怎么办呢？舍弃小利，选择大益。放弃自己的想法可能并不容易，但注重创新的确更有利于组织发展；放弃自己的得力干将可能并不容易，但他已影响到团队发展，则必须割舍；放弃目前自己的工作可能并不容易，但如果它的确不利于完成职业生涯，则必须放弃。

在面对两难的选择时，很多人都表现得勇气不足。的确，要人们放弃既得的利益确实是一件很痛苦的事，但再痛苦也必须果断地、快速地、勇敢地做出选择，因为"猎人"就在附近。

03 必要时，
　　适当降低目标

有一个人布置了一个捉火鸡的陷阱，他在一个大箱子的里面和外面撒了玉米，大箱子有一道门，门上系了一根绳子，他抓着绳子的另一端躲在一处。只要等到火鸡进入箱子，他就拉紧绳子，把门关上。

一天，有12只火鸡进入箱子里，在他刚要关门的一刹那，1只火鸡溜了出来。他想等这只火鸡再进去后，就立即关上门，这样，他就可以拥有12只火鸡。然而，就在他等第12只火鸡进去的时候，又有2只火鸡跑了出来。

他想，只要再进去1只就拉绳子，可是在他等待的时候，又有3只火鸡飞了出来。最后，箱子里1只火鸡也没剩。

看到这儿，可能有人会说："这个人太不懂变通了，12只捉不到，11只也很好啊！捉不着更多，哪怕只捉1只呢。可他就是不拉绳子，真是太笨了！"的确，在实施计划、向既定目标前进的过程中，必须时刻注意内外部环境的变化，当既定目标无法达成时，应及时调整目标。当环境等条件发生变化时，固执地坚守已经不合理的目标，没有任何意义。如果故事中的这个人发现一下子捉到12只是不可能的，于是把目标定在10只或者8只或者再少一些，也就不会落得两手空空的结局了。

当然，降低目标可能是你的思维理念所不允许的，你可能更加赞同："没有条件，创造条件，也要实现目标。"可是有些时候仅靠你的力量是无法创造条件的。这时，果断地适度降低目标可能是你最好的选择。

降低目标并不是要你像打了败仗的逃兵一样没有章法，而是要讲究策略。做出降低目标这一决策要快速果断，幅度要适当。任何优柔寡断和侥幸心理都是要不得的。一个樵夫上山砍柴时，不慎跌下山崖，危急之际他拉住了半山腰一根横出的树干，人吊在半空中，但崖壁光秃陡峭，无论如何也爬不上去，而下面就是崖谷。就在他不知如何是好时，一位老僧路过，给了他一个指点，说："放。"

第二章
选好人生的坐标，成功就在离你不远处

为什么要"放"？就是要趁着现在还有体力能完成一个较低的目标——安全地到达崖底——赶紧行动。如果固守既定目标——攀上山崖，而在半空中耗尽精力，那么到最后连一线生机也没有了。

所以，在面临两难选择时，要沉着冷静地分析各种情况，及时了解变化，及早调整目标，做出正确选择，并果断出击。这样，才会"捉到尽可能多的火鸡"。

04 没有什么
　　是不可以改变的

一位隐士派他的3个徒弟去远方。他把他们送到路口，吩咐他们说："从这儿往南都是畅通的大路，沿着这条大路走，不要走岔路。"

3个徒弟把师傅的话铭记心中，然后辞别师傅，沿着大路向南走去。他们走了50多里路后发现有条河横在面前，沿河岸向东走半里就有桥。其中一个徒弟说："我们向东走半里路，从桥上过吧？"另外两个皱着眉头说："师傅让我们一直往南走，我们怎能走弯路呢？不过是水罢了，有什么好怕的！"说完，三人互相扶着涉水而去。河水水深流急，他们有几次差点送命。

过了河，又往南走了100多里，有一堵墙挡住了去路。其中那一个徒弟又说："我们绕着走吧。"另外两个仍坚持："谨遵师傅的教导，无往不胜。我们怎能违背师傅的话呢？"于是向着墙走去。"砰"的一声响，三人撞倒在墙下。三人爬起来相互勉励，最后一致同意："与其违背师命苟且偷生，不如遵从师命而死。"而后，三人又相互搀扶，向墙撞去，直至撞死在墙下。

第二章
选好人生的坐标，成功就在离你不远处

看完这个故事，你可能会感叹："天下怎会有如此迂执的人！"其实迂执的并不止他们三个，在我们周围，这样的人比比皆是，或许我们自己就是其中之一。当我们通过种种渠道得知某人成功的"秘诀"之后，我们就会竭力模仿，全然不去顾及自己的实际情况；当我们执行行动方案时，总是有板有眼，从未考虑过要根据已经发生了重大变化的外部环境灵活变化。我们认为自己是在遵循"圣旨"，可最终结果却"撞死在了南墙上"。

在充满不确定的环境中，随机应变，灵活变通，是一种智慧，这种智慧让人受益匪浅，在个人及企业的发展中有着重要的意义。如果明明知道已经无路可走，却死不回头，一条路走到黑，这不是坚持原则，而是蛮干。这时，如果绕道而行，你会发现"柳暗花明又一村。"

在很多情况下，产生"绕道"心理并不难，关键是能否坚持自己的观点，就像那位两次提出绕道但最终放弃的徒弟一样。有坚持自己的观点的勇气，做事才能具有灵活性。

05 主动打破人生的安逸

世界富豪比尔·盖茨曾说过:"我们的产品三年内一定会被淘汰,但关键不在这里,最重要的是被我们自己淘汰还是被别人淘汰。"在生活的道路上也是一样,如果不主动打破安逸的生活,改变自己,早晚会被别人淘汰。

浩然被公司辞退了,这一消息对他来说犹如晴天霹雳。他在这家公司已经工作了十年,尽管工资不高,但轻松的气氛和闭着眼睛都能做的工作还是给了他很大的满足感。可是现在这一切都没有了。

他开始四处找工作,但他已经落伍的文化和技能使他四处碰壁。后来他一狠心把存在银行里的多年积蓄拿了出来做起了小生意。虽然遇到了很多困难,但他还是挺了过来。一年之后,他的小店挖到了第一桶金。十年之后,他已成为一个大集团的总裁。这一切都是"晴天霹雳"带来的好处。

人总有惰性,当我们习惯了某种环境时,就会停止前进的脚步。总有这样一群人,他们甘愿守着一个有保障的平凡职位,尽管他们也会对工作感到不满,但是他们宁愿花上几个小时的时间告诉别人为什么对自己的工作不满意,

第二章
选好人生的坐标，成功就在离你不远处

也不愿抽出时间来充实和提高自己的业务。

为什么做出改变会如此困难呢？因为改变就意味着有更多的风险，而风险总是不受人欢迎的。

只有在遭遇"晴天霹雳"的情况下，我们才会被迫做出改变，就像浩然。

安于现状是成功的最大敌人。安于现状就代表了停滞不前，当你在安逸的环境中徘徊时，你的信念就会消失，期望就会降低，勇气就会减弱，积极和敏锐就会变成懒散与麻木，最后你会变成一个一无所成的人。企业也是一样。当企业自满于所取得的成绩，不再注意找出那些缺陷和隐患，不再进行改革和提升时，企业就会在市场突然变化时被淘汰。

在我们的一生中太需要"晴天霹雳"了，因为只有它才能彻底打破人生的安逸，才能去掉我们身上安于现状的惰性。只有医生告诉我们"再不改变生活方式，上帝就会马上召见你"时，我们才会开始运动、注意饮食；只有恋人气愤地要求分手时，我们才会对他（她）表示出我们的关心；只有上司告诉我们"再给你一次机会，再不能提高业绩就走人"时，我们才肯去尝试新观念、做出新创意；只有顾客都走光的时候，我们才体会到为顾客提供良好的服务的重要性……

我们为什么非要等到被生活碰得头破血流时才去改变呢？自己制造一些"晴天霹雳"吧，一则可以警醒自己别被安逸的生活所陶醉；二则可以给自己更大的压力，把握更多的成功机会。只有这样，才能够不被人生所淘汰。

06 选择
活在现在

生活中，人们往往喜欢追寻一些不切实际的梦想，为此忽视了周围的一切，结果失去了现在。不珍惜现在也就无法拥有未来。有这样一则小故事：

在紧靠海神波塞冬的国土上，一个牧人来这里放牧，他在海边建了一个舒适的小屋，这是一片肥沃的土壤，他喂养着羊群，过着幸福的生活。他不讲排场也不懂得什么荣耀，他也不知道什么是不幸。他一直很快乐地生活着，即使许多国王也无法享受到他这样的快乐。

可是，牧人每天遥望大海，看着海边停泊着各种运载财富的船只。许多各式各样的商品器具堆满码头，仓库里的货物难以计算，那些货物的主人们全都享受着奢侈安逸的生活。牧人的心动摇了，他也很想去碰碰运气，于是，他卖掉了房屋和羊群，并用这些钱买了花样繁多的货物，货物被装进船里后，他就从港口出发了。

可惜，他的探险特别短暂。船刚驶出港口不远，还能看见海滩的时候，一场可怕的风暴降临了。牧人坐的船只在风暴中遇难了，大海吞没了全部的货物。牧人侥幸挣扎着爬到岸边。

因为无情的大海，牧人再次成了牧羊人，但是不同的是，他这次放羊是为邻居而不是为自己，他做了邻居的佣工。不管损失怎样惨重，时间和耐心总会医好一切伤痕。牧人极尽所能地省吃俭用，终于又有了属于自己的羊群，又成了自己羊群的主人。

一个阳光明媚的早晨，牧人坐在沙滩上，羊群在旁边静静地吃草。他凝视大海，大海是那样的宁静安详，一艘艘船只缓缓地驶进码头。

"朋友，"他对着大海喊道，"你还需要钱吗？但是想要我的钱，那就做梦去吧！你最好去找那些意志薄弱的人，我已经给过你一次钱了。过去的我可能是一个十足的傻瓜，可是从今以后你休想再从我这里取走哪怕一个便士！"

第二章
选好人生的坐标，成功就在离你不远处

　　这个故事让我们明白了活在现在的重要意义。是啊，选择活在现在，才能全心全意地投入到现在的生活。活在现在意味着无忧无悔。对未来会发生什么不去作无谓的想象与担心，所以无忧；对过去已发生的事也不作无谓的思虑与算计得失，所以无悔。因此，活在现在的人，是愉悦而充实的！

　　梦想是一碰即碎的泡沫，未来是遥不可及的梦想，我们所能把握的，所能真实感受的只有现在！

铭鉴经典
主动选择　敢于放弃

07 逆境时
选择坚强

有这样一则寓言：一匹老骡子掉进了农夫的枯井里，农夫听到了骡子的叫喊声、嘶鸣声、四处乱踢声……凡是骡子掉下井后能发出的一切挣扎声，他都听到了。他仔细地分析了一下情形，虽然同情这匹骡子，农夫还是做了一个决定：无论是骡子还是井都已不值得挽救。于是，他叫来了邻居们，告诉他们所发生的一切事情，请他们帮忙挖土，把这匹老骡子埋在井里，以便结束它的痛苦。

起初，这匹老骡子拼命地叫喊，而当邻居们在不断地、一铲一铲地把土填到骡子的背上的时候，骡子突然产生了一个想法——它意识到它应该抖落掉每一铲填到自己背上的土，然后踩着土上来。它的确这么做了，一下、两下、三下……

"抖掉这些压在我背上的东西，踩着它们上来！抖掉这些压在我背上的东西，踩着它们上来！抖掉这些压在我背上的东西，踩着它们上来！"它不断地鼓励自己，无论每一下的努力是多么的痛苦，无论情形看起来有多么令

第二章
选好人生的坐标，成功就在离你不远处

人气馁，这匹老骡子战胜了恐惧，它在不断地抖落着尘土，不断踩着尘土往上走！

结果很明显，不一会儿，这匹已经折腾得变了形的、累得筋疲力尽的老骡子成功地踏出了井口。那些看起来要埋葬它的尘土，反而帮了它。

人生亦如此，结果如何主要取决于你面对逆境时的态度。当一个人身处逆境的时候，如果他有积极的态度，就能去设想和实践一切可能的办法，尝试一切实用的知识，采取一切可能改变自身现状的措施。

解放前，上海有一位富家小姐，过着锦衣玉食的生活。不曾想，解放后，她竟沦落到一贫如洗的地步。但是她还要喝下午茶，吃蛋糕，昔日的电烤炉是不敢奢望了。

怎么办？她自己动手，用仅有的一只铝锅，在煤炉上蒸蒸烤烤，竟也烘烤出西式蛋糕。就这样，悠悠几十年，她雷打不动地喝着下午茶，吃着自制蛋糕，浑然忘记身处逆境，悄悄地享受着午后的幸福茶。

她的一位出身世家的好友和她一样能干。有一次，她去好友家，好友告诉她，没有吐司炉，也可以吃上吐司，说着说着，就表演了一门绝技：把面包切片，在蜂窝煤炉上架上条条铁丝，再把面包片放在上面，轻轻地两面烘烤，不一会儿，便做出一片片香喷喷的面包吐司。

她们懂得用铝锅蒸烤出西式蛋糕，用煤炉烘烤出香喷喷的吐司，这样的坚强和耐力，还有什么撑不住的苦难？所以，历尽沧桑之后，这位昔日的富家小姐的生活依然过得有滋有味。

美国民间流传着这样一句话："当上帝想要培养某个人的时候，他不会把这个人送到充满典雅和高贵、安逸氛围的学校，而是将他送到充满困顿和磨难的学校。"每个人都有身处逆境的时候，面对逆境，坚强的人不仅找到克服困难的办法，还发现了自身所具有的无限潜力。

曾经有一位王子，天性多愁善感，就是死了一只蚂蚁，他都会流泪。每当手下的人向他报告天灾人祸的消息，他就流着泪叹息道："天啊，太可怕了！这事落到我头上，我可受不了。"

天有不测之云，人有旦夕祸福，一年之后，灾难降临到他身上。在一场突如其来的战争中，他的父母被杀，他自己也被敌人掳去当了奴隶，受尽非人的折磨。他最终逃出虎口时，已经只有一条腿了，他沦为一个可怜的乞丐。

当人们得知他的身世，都流下同情的眼泪，继而发出他曾经发过的同样的叹息："天啊，太可怕了！这事落到我头上，我可受不了。"

此时的他慢慢地说道："先生，请别说这话，凡是人间的灾难，无论落到谁头上，谁都得受着，而且都受得了——只要他不死。"

人生多变幻，苦难总是在不知不觉中骤然降临。如何应对苦难，是对你

第二章
选好人生的坐标，成功就在离你不远处

的性格的真正考验。面对苦难，如果只是抱怨与逃避，苦难就永远如影随形；如果选择坚强，苦难便会成为转机，孕育新的希望。所以，要想获得成功，就必须在逆境中保持坚强，只有这样，才能收获智慧，才能更为酣畅地领略到成功的滋味。

铭鉴经典
主动选择 敢于放弃

08 选择坚持，
　　不轻言放弃

我们很多人不能获得成功，并不是因为能力不强、条件不足，而是因为没有坚持。到达成功的顶峰的确艰难，也正是因为艰难，很多人才会放弃，才会停止前进，因此难以获得真正的成功。在我们很多人身上都有一个很可笑的现象，当被问及是否想成为一名"伟大的领导者"时，很多人会感觉不安和惶惑。这种在成功面前的畏惧现象，专家们称其为"约拿情结"。

"约拿情结"出自圣经里的一个故事。

约拿是亚米太的儿子，是一名虔诚的基督教徒，并且一直渴望能够得到神的差遣。神终于给了他一个光荣的任务，让约拿到尼尼微城去传话，这是一个隆重而又崇高的使命和荣誉，也是约拿平素所向往的。但当理想即将成为现实的时候，约拿心中突然产生一种畏惧，怎么都觉得自己不行，于是在即将到来的成功面前开始回避起来。所以，"约拿情结"就用来指代那些渴望成功却又因为某些内在阻碍而害怕成功的人。

人的心理是矛盾的：我们渴望成功，但当面临成功时却总伴随着心理迷茫；我们自信，但同时又自卑；我们对杰出的人物感到敬佩，但总是伴随着一丝敌意；我们尊重取得成功的人，但面对成功者又会感到不安、焦虑、慌乱和嫉妒；我们既害怕自己最低的可能状态，又害怕自己最高的可能状态。简单地说，这些表现，就是对成长的恐惧——既畏惧自身的成功又畏惧别人的成功。

其实，我们大多数人内心都深藏着"约拿情结"。而躲避成功的最常见的理由是认为自己不行。为何说不行？"事实证明我不行"，原来是经过几次尝试，或受过几次挫折后，便认定了自己不行。

著名的美国心理学家协会主席马汀·西里格曼曾做了一个电击狗的实验。

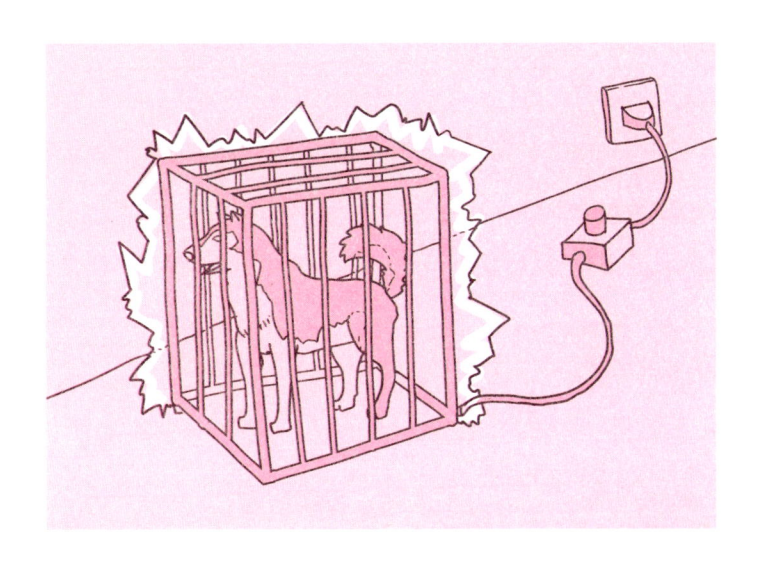

试验者在笼子里通了电，笼子中的小狗想尽一切办法躲避，却仍旧被击中，于是就认命了，即使改变有关条件，它也认为挣扎是无效，再也不去做"无谓的努力"，依然躺下来忍受痛苦。后来，心理学家唐纳德·西洛托对人也做了一个类似的试验，发现在人身上也同样会产生这样的心理。

小汤自幼因父母离异，被寄居在乡下奶奶家里，曾受过村中许多孩子的羞辱，此后他便把自己看得很低。长大以后，即使已经有足够的条件追求成功，但他总是不自信。不仅如此，还在潜意识中采取手段，采取一些连他自己都不明白的行为，如弄丢文件、造成冲突，把唾手可得的成功毁掉，他还暗自庆幸："我真英明。事实证明我有先见之明。"这是一种颠倒因果的自毁方式。

在生活中，这种现象其实很多。由于自己失败过，或者由于别人不断向你灌输"你不行"的理念，于是，本来颇有能力的你，就容易产生"四面八方都通不过"的感觉，最终干脆放弃努力。其实，这种心理是可以改变的，应该警惕：所谓"事实证明我不行"，不过是有几次偶尔的挫折和失败，它们并不能代表生活的全部，更不代表你永远失败。你完全可以通过改变外部条件，或提高内在能力，否定"事实证明我不行"。多试几次看一看，说不定你会创造出原来想象不到的奇迹。

一位著名的出版商在给他的代理商的信中写道："如果2个星期没有卖出1本书，而你仍然坚持热情地工作，那么你一定能取得成功。"

"发明大王"托马斯·爱迪生说："如果你不是天才，那么你成为天才的秘诀就是辛勤工作、努力坚持。"有一次，一位记者问他："你的众多发明都是灵感的产物吗？"

"如果我觉得一件事情值得去做的话，我就不会随随便便地去看待它。"爱迪生回答道，"没有一件发明出于偶然，除了照相机之外。当我下定决心准备去做一件事情的时候，我就会坚持做实验，直到获得我想要的结果为止。我一直都在努力地尝试去发明那些我认为有用的东西。"这位伟大的发明家还说："我不知道是出于什么原因，但凡任何事情只要我开始做了，我就会一直惦记着，很难把它从脑海中清除，除非把它完成。"

其实我们每个人都有成功的机会，但是在面临机会的时候，只有少数人敢于打破平衡，认识并克服了自己的"约拿情结"，勇于承担责任和压力，最终抓住并获得了成功的机会。这也就是为什么总是只有少数人成功，而大多数

第二章
选好人生的坐标，成功就在离你不远处

人却平庸一世的重要原因。

所以，做任何一件事，都要坚持把它做完，不要轻易放弃，如果放弃了，你就永远没有成功的可能。即使遭受挫折，你也要反复告诉自己：把这件事坚持做下去，坚持到底就是胜利。

铭鉴经典
主动选择　敢于放弃

09 选择优秀的人做朋友

美国管理学家彼得提出了一个木桶理论，也叫木桶效应，是指一只木桶想盛满水，必须每块木板都一样平齐且无破损，如果这只桶的木板中有一块不齐或者某块木板有破洞，这只桶就无法盛满水。所以说一只木桶能盛多少水，并不取决于最长的那块木板，而是取决于最短的那块木板。也可称为短板效应。

同样的道理，一个人交什么样的朋友，将会影响一生。

尽量跟那些道德高尚、性情良好、光明磊落的人交往，这样所得到的好处十分惊人。

在职场中，可能会见到这样的现象：一些内向、能力不足的人进入销售界，可是他们在很短的时间内就变得有信心、有能力，而且是更富于生产力的人。

这是怎么回事呢？在以前，这些人一直具有消极心态，而且周围的人也不断地在他们的心灵中注入消极的因素，并且告诉他们哪些事情不能做。而当他们进入销售行业后，环境以及交往的人员都发生了极大的转变。

第二章
选好人生的坐标，成功就在离你不远处

现在，每一个人都开始向他们说，他们能做些什么。他们从训练师、经理与同事那里听到了积极的话语。他们每天都在这种积极的方式中获取积极的结果。由于他们发现这种欣赏自己的做法实在是更有趣，所以他们几乎立刻开始改变自我形象。

请记住：你会受益于你周围的人的大部分思想、举止与个性，甚至你的智商也会受到你的环境与伙伴的影响。

在以色列的克伊布兹，各项实验的结果显示：东方犹太儿童的智商平均为85，而欧洲犹太儿童的平均智商为105。这证明欧洲犹太儿童比东方犹太儿童要更聪明一些。可是当他们共同在克伊布兹住过4年以后，由于生活环境积极，学习环境良好，而且献身学习的气氛也很高涨，所以平均智商都达到了115的相同水准，这点很令人兴奋。

当你跟具有积极态度的人士为伍时，获胜的机会也就大为增加了。

但是，影响是双方面的，你的朋友也会在消极方面影响你。一个小孩（大人也一样）如果跟抽香烟的人在一起，就会比跟不抽烟的人在一起更容易染上抽烟的习惯。而吸毒、喝酒、说谎、欺诈、偷窃等等也是一样。

幸运的是，你有权力选择你的朋友。

我们同积极的人交往，就仿佛呼吸了新鲜空气，精神为之一振，仿佛有使不尽的力量，就像吸入了山野的空气，或享受日光浴一样。

托马斯·莫尔勋爵和蔼可亲的个性力量，不仅煞住了歪风邪气，而且弘扬了正气。布鲁克爵士谈到他已经去世的朋友菲利普·西尼时指出："他的智慧和才华敲击着他的心灵。他不是用言语或思想，而是用生命的行动，使他自己也使别人变得更优秀、更伟大。"

对一个伟大和善良的人看上一眼，往往也会感化那些青少年。他们会情不自禁地崇拜和爱戴他们的亲切、勇敢、真诚和宽厚。

夏多布里昂和华盛顿仅仅见过一面，却鼓舞了他一辈子。后来，在描述

这次见面时，他说："华盛顿进入坟墓时，我还是个默默无闻的人。我作为一个陌生人，从他面前走过。当时他是个声名显赫的人——而我却前途未卜。或许我的名字在他的记忆中不会持续一天。然而，我却非常高兴，因为他的目光打量着我，我的一生都感到温暖。一个伟人的目光里也有奇特的力量。"

有人说过这样一句话："可以通过一个人与之交往的朋友来了解他。"一个饮食有节制的人自然不会和一个酒鬼混在一起，一个举止优雅的人不会和一个粗鲁野蛮的人交往，一个洁身自好的人不会和一个荒淫放荡的人做朋友。和一个堕落的人交往，表示自身品位极低，有邪恶倾向，并且必然会把自身的品格导向堕落。

"和这样的人谈话是极为有害的"，塞涅卡说，"因为，即使它不造成当时的伤害，它也会在心灵上撒下邪恶的种子，我们离开了谈话者，邪恶的种子却留在我们身上——一种灾难必定会在将来萌发。"

如果年轻人受到良好的影响和明智的指导，小心谨慎地运用自己的意志，他们就会在社会中寻找那些强于自己的人作为自己的榜样，努力地去模仿他们。

与优秀的人交往，就会从中吸取营养，使自己得到长足的发展。相反的，如果与恶人为伴，那么自己必定遭殃。生活中有一些受人爱戴、尊敬和崇拜的人，也有一些被人瞧不起、人们唯恐避之不及的人，正如拉伯雷在谈到对巨人（巨人是法国讽刺作家拉伯雷在其作品《巨人传》中所描写的一个食欲巨大的国王）的教育时所说的那样：与品格高尚的人生活在一起，你会感到自己也在其中受到了升华，自己的心灵也被他们照亮。西班牙也有句谚语说："和豺狼生活在一起，你也会学会嗥叫。"

即使是和普通的、自私的个人交往，也可能是危害极大的，可能会让人感到生活单调、乏味，形成保守、自私的性格，不利于勇敢、刚毅、心胸开阔的品格的形成。心胸狭隘、目光短浅、原则性丧失、遇事优柔寡断、安于现

第二章
选好人生的坐标，成功就在离你不远处

状、不思进取的精神状况对于想有所作为或真正优秀的人来说是致命的。

相反的，与那些比自己聪明、优秀和经验丰富的人交往，我们或多或少会受到感染和鼓舞，增加生活阅历。我们可以通过他们的生活状况改进自己的生活状况，成为他们智慧的伴侣；可以通过他们开阔视野；从他们的经历中受益，不仅可以从他们的成功中学到经验，而且可以从他们的教训中得到启发。

因此，与那些聪明而又精力充沛的人交往，总会对自身品格的形成产生有益的影响——增长自己的才干，提高分析和解决问题的能力，改进自己的目标，在日常事务中更加敏捷和老练，而且，还会对我们周围的人产生一定的影响。

西摩本尼克夫人说："早年离群索居的习惯给我造成了巨大的损失，我常常为此感到深深的懊悔。我们最糟糕的伙伴是那种罪孽深重而又不肯悔改的自我。与世隔绝，一个人不仅会对帮助自己同类的方法一无所知，而且根本就没有急需帮助的人的概念。交际的圈子只要不是大得连清静的时间都没有，那么，一个人就会得到十分丰富的经验；在与别人的交往中，你会博得别人的同情，虽然这不同于慈善，并且开始扩大，最后，你会从别人那里得到许多宝贵的东西。与别人的交往，也会增强品格的力量，使我们不至于迷失自己的方向，更明智地为自己开辟道路。"

一个忠诚朋友的快乐的建议、及时的暗示或友善的劝告，可能给你的生活开辟一条全新的道路。

印度传教士亨利·马丁的生活，似乎完全是受了一个在杜鲁初级中学学习时的朋友的影响。当时的马丁体质虚弱，有轻微的神经质，由于缺乏活力，他对学校的活动毫无兴趣。而且，由于他性情急躁，那些大一点的孩子总是喜欢激怒他，并以此取乐，有的孩子甚至还欺侮他。然而，其中有一个孩子，却和马丁结下了深厚的友谊，他总是保护马丁，不仅帮马丁打架，而且帮助他学习功课。

虽然马丁是一个相当愚笨的学生，但他父亲还是决定让他接受大学教育。在他大约15岁那年，他父亲为得到一份奖学金而把他送进牛津大学，但马丁并未能如他父亲所愿。后来，他去了剑桥，在剑桥的圣约翰学院注了册。在那里，他遇到了在杜鲁初级中学保护他的那位学生。他们的友谊进一步加深，从此以后，这位稍长的学生成了马丁的指导教师。

马丁能够应付自己的学业，但是仍然容易激动，脾气暴躁，偶尔会发泄自己难以抑制的愤怒。然而，他这位朋友却情绪稳定，富有耐心，勤奋刻苦。他时时刻刻照顾、指导和劝勉马丁。他不允许马丁结交邪恶的朋友，劝他认真学习，"这不是要得到别人的称赞，而是为了上帝的荣耀。"由于这位朋友的帮助，马丁在学习上进步很快，在第二年圣诞节的考试中他名列年级第一。然而，马丁的这位友善的朋友并没有取得什么辉煌的成绩，他被世人淡忘了。

第二章
选好人生的坐标，成功就在离你不远处

虽然不为人所知，但他很可能过着一种有益的生活。他在生活中崇高的理想曾经是帮助其形成良好的品格、激发他追求真理的精神，为他日后崇高的事业打下了基础。而马丁受他的影响颇深，积极进取，不久，便成了一位印度传教士。

品格会对生活的各方面产生影响。一个具有优秀品格的人会给同伴们定下生活的格调，提高他们的生活激情。同样，一个品德败坏和堕落的人也会不知不觉地降低和败坏同伴们的品格。

约翰·布朗船长——人称"勇往直前的布朗"——曾经对爱默生说："那些到一个新国家定居的人，一个善良可信的人抵得上100个虚伪而不讲信用的人，抵得上1000个没有品格的人。"他的这句话产生了很强的感染力，几乎所有的人都受到了他的影响。在不知不觉中，他提升了人们的品格，使人们的生活和他一样充满活力。

与优秀的人交往总是会使自己也变得优秀。优秀的品格通过优秀的人的影响四处扩散。"我本是块普通的土地，只是我这里种植了玫瑰"，东方寓言中散发着浓郁芳香的土地说。

品格优秀的人必然造就品格优秀的人。卡农·莫斯利指出："令人奇怪的是，善行总是产生无数的善行，善行从来不是独一无二的。恶行也是如此，它会创造出另外的恶行——循环往复，生生不息。这就像一块石头投入水中，会产生波纹，而这些波纹又会产生更大的波纹，如此连绵不断，直至最后一道波纹抵达岸堤。我猜想，世界上目前存在的一切美德也都是这样从遥远的过去通过传统流传下来的，而这些美德的中心往往是不为人知的。"

同样，拉斯金先生指出："天生的邪恶必定产生邪恶，而天生的勇猛和正直塑造出勇敢和正直。"

所以，我们如果想使自己优秀，就必须坚持与优秀的人交朋友，从优秀的朋友身上学到优秀的品质。

10 懂得休息才是高人

在第二次世界大战期间，英国首相丘吉尔已经60多岁了，却能够每天工作16小时，年复一年地指挥英国作战，实在是一件很了不起的事情。他的秘诀在哪里？其实很简单，他是一个懂得休息的人。他每天早晨在床上工作到11点，看报告、口述命令、打电话，甚至在床上举行很重要的会议。吃过午饭以后，上床去睡一个小时。到了晚上，在8点吃晚饭以前，他再上床去睡两个钟点。因为他经常休息，所以可以精神百倍地一直工作到半夜之后。

约翰·洛克菲勒也创了两项惊人的纪录：他赚到了当时全世界数目最多的财富，并活到98岁。他如何做到这两点呢？最主要的原因当然是他家里的人都很长寿；另外一个原因是，他养成了休息的习惯，他每天在办公室里睡半小时午觉。他躺在办公室的大沙发上——在睡午觉的时候，哪怕是美国总统打来的电话，他都不接。

在《为什么要疲倦》一书中，丹尼尔·何西林说："休息并不是绝对什么事都不做，休息就是修补。"即使短时间的休息，也能有很强的修补能力，

第二章
选好人生的坐标，成功就在离你不远处

即使只打5分钟的瞌睡，也有助于防止疲劳。棒球名将康黎·马克说，每次出赛之前如果不睡午觉，到第5局就会觉得筋疲力尽。可是如果睡午觉的话，哪怕只睡5分钟，也能够赛完全场，一点也不感到疲劳。

　　有权力或有才能的人，大家都蜂拥着找他，所以他很难闲下来，或是好好休息一下。例如当今火红的高官政要、知名影视巨星、企业领袖、媒体名人等，这些人邀约满档，而且还在不断增加，根本无暇休息。你是羡慕他还是同情他？

　　"就算你赚得了全世界，若没有了健康，也是无福消受"。这是人人耳熟能详的道理，但有多少人能够拒绝"自动送上来的银子或盛情邀约"，而让自己适时休息充电？

　　在十多年前，台湾有一位号称企管大师的资深顾问，受不了工作压力而跳楼自杀。然而，他平常的招牌授课主题就是"如何缓解压力"。但据了解，平时的他就是无法拒绝邀约的大忙人，很少休息。

生活中有很多大忙人，曾有人问他们："你都赚够了，为何还要这么忙着赚钱？"他们的说法几乎一致："因为盛情难却啊！我实在推不掉。"或者是："没办法啊！这件事情只有我能做啊！"

其实并不是推不掉，也不是只有你才能把事情做好，这不过是自己的观念决定自己的行为罢了，并非是最正确的"真理"，因为历史常常证明"很多人可以做得比你好"只是"你并没有给他机会让他做"。

我们都有盲点，觉得自己有时间可以多做一些事，因此许多人习惯把每小时都排得满满的，直到晚上上床后，还不见得能停止工作。

一个整天埋头于工作而不知休息的人，往往会在事业上趋于衰落，因为他缺乏各种不同的养料。一个只专注于工作而很少休息，甚至在大脑中毫无休息细胞的人，他的动作一定不会像一个有休息头脑的人那样自然，那样有力。

其实，我们每天都在面临新课题，思考与解决就是生活中无法避免的过程。课题太多，来不及思考，或是无法解决，就叫做"压力"。压力也是一种负担，压力累积到一定程度就会产生烦恼、失眠征兆，就是自身能力负荷不了的讯号，这时候需要的就是"休息"。

无论是身体上的疲劳还是心理上的疲劳，都不是好兆头，这不但会引发某些病症，还会降低工作效率。要防止疲劳，保持旺盛的精力，最重要的是要常常休息。只有懂得休息的人才是"高人"。

第三章
敢于放弃，清除人生路上的牵绊

　　人的一生，既有火红耀眼之时，也有暗淡萧条之日，这是世之常理，我们不必在意。古人云："鱼和熊掌不可兼得。"如果不是我们应该拥有的，就要敢于放弃。只有学会放弃，才会活得更加充实、坦然和轻松；只有敢于放弃，才有可能登上人生的巅峰。

01 放弃也是一种智慧

　　人生需要选择，也需要放弃，选择与放弃其实是一对孪生姐妹，就像美与丑，拥有与失去，看似相互对立，实则相互关联。选择是人生成功路上的航标，只有量力而行的睿智选择才会拥有更辉煌的成功；放弃是智者面对生活的明智选择，只有懂得适时放弃的人才会事事如鱼得水。

　　放弃，是一种智慧、一种豁达、一种领悟，更是一种人生的境界。

　　放弃，对心境是一种宽松，对心灵是一种滋润，它驱散了乌云，清扫了心房。有了它，人生才能有爽朗坦然的心境；有了它，生活才会阳光灿烂。

　　人生有太多的诱惑，不懂得放弃，只能在诱惑的漩涡中丧生；人生有太多的欲望，不懂得放弃，就会在人生的道路上迷失方向。只有学会放弃，才会活得更加简单，更加洒脱，更加自由。滚滚红尘中，怀有一颗平和之心，挡住各种诱惑；做一件平常事，学会放弃许多；当一个平凡人，简简单单的生活。

　　唐代伟大的文学家柳宗元在《蝜蝂传》中说，有一种善于背东西的小虫叫蝜蝂，行走时每遇一物便取来负于背上，越积越重，又不愿放下一些，终于

第三章
敢于放弃，清除人生路上的牵绊

被压趴在地上。有人可怜它，帮它取下一些负重，它爬起来继续前行，遇物又取之背负如故。

紧闭的窗户前有一只蜜蜂，它不断地振起翅膀向前冲去，撞上玻璃跌落下来，又振翅飞起撞过去……如此反复不断，直至力竭而死。

动物如此，人也亦然。人总喜欢给自己加上负荷，轻易不肯放下，自谓为"执著"，执著于名利的获得，执著于一份痛苦的爱，执著于幻美的梦，执著于空想的追求。数年光华逝去，才嗟叹人生的无为与空虚。我们总是固执的前进，由"我想做什么"到"我一定要做到什么"，理想与追求反而成为一种负担。冥冥之中有人举着鞭子驱使着我们去追赶，但是我们能够追得到什么？夸父始终也没能追上太阳的东升西落。

大千世界中，需要放弃的东西原本很多。没有任何一个人可以拥有整个世界，对于不应该属于我们的，更要勇敢的放弃。在追求之中放弃，放弃之中追求。

放弃是一种睿智。尽管你的精力过人、志向远大，但时间不容许你在一定时间内同时完成许多事情，正所谓"心有余而力不足"。所以，在众多的目标中，我们必须依据现实，有所放弃，有所选择。

真正的聪明人懂得见风使舵，成功的人知道左右逢源，其实放弃的至高境界就成了灵活，所谓"户枢不蠹，流水不腐"讲的也是这个道理。所以该放手时就放手，因为前方的路还要我们去走，精彩还在后面。

放弃一些原本不应该属于自己的，去把握和珍惜真正属于自己的，去追寻前方更加美好的。放弃一些烦琐，为了轻便地前行；放弃一丝怅惘，为了轻快地歌唱；放弃一段凄美，为了轻松地梦想。放弃，是一种伤感，但更是一种美丽。

其实放弃不是输赢的结果，更不是懦弱的表现，放弃是一种大度，更是一种豁达。真的放弃了，你会发现，它还是一种脱胎换骨的境界，一种不言而喻的轻松，在心头折磨了你多年、让你进退维谷的念头就那么悄无声息地离你而去了。敢于放弃，在落泪之前悄然离去，只留下一个简单的背影；敢于放弃，将昨天埋在心底，只留下一份美好的回忆。当你能够放弃一切，做到简单从容的时候，你生命的低谷就已经过去。

02 从失去中成长

对于既浪漫又短暂的一生来说,"失去"是必然的,但我们应该在"失去"中学会成长。既然我们在生活中无法避免"失去",因此,就必须勇敢地去面对"失去",学会接受"失去",学会怎样松开手。

家住俄勒冈州波特兰市的伊丽莎白·康莉在经历了无数"失去"的折磨后,逐渐成长起来了。在庆祝美军在北非取得胜利的那一天,康莉得到国防部的通知,她的侄子——那个她最爱的人——在战场上失踪了。不久,她又接到通知,她的侄儿已死在了战场上……

亲人的离去让康莉痛苦万分,她的生活也陷入了低谷。在此之前,康莉一直快乐地生活着。她热爱工作,她花了许多心血将这个侄儿培养成人。在她的眼中,他有着年轻人所有的优秀品质,她觉得以往所付出的一切,现在都会得到回报……然而,突然间一切都破碎了,她失去了活下去的理由。康莉开始痛恨这个世界,为什么这么优秀的年轻人,在刚开始自己人生的时候,就被剥夺了生命?悲痛的打击,让她失去了对工作、对朋友及对所有一切的兴趣。在悲痛中，康莉决定辞掉工作，远走他乡，离开这个伤心之地。

康莉准备写辞职信的时候，在抽屉里，她突然看到了一封信，一封她已经忘了的信——几年前在她的母亲去世时侄子写来的信。信上说："当然，我们都会怀念她，尤其是你，我相信你会撑过去的。我一直都记得你教我的那些美丽的真理。记得你教我要微笑，要像一个男子汉，勇敢地接受'失去'。"

这封信终于让她清醒过来。康莉开始接受这个残酷的现实，重新振作精神，把所有的精力都投入到了工作中。工作之余，她给那些在前线的士兵、那些还活着的别人的亲人写信，给他们鼓励。晚上，她参加了成人教育班，培养新的兴趣，结交新的朋友。她逐渐忘记了侄儿的死所带给她的痛苦，她成长起来了。现在，康莉每天的生活都充满了快乐和笑声。

其实，有些事情既然已经发生，就无法挽回。接受最坏的结果，就不会再损失什么东西了。

人生不如意事十之八九，每个人都会经历。逆境过后就是顺境，痛苦过去就是艳阳天。每个人都是在经受"失去"中逐渐成长的。

俄国伟大诗人普希金在一首诗中写道："一切都是暂时，一切都会消逝，让失去的变为可爱。"

生活中，一扇门如果关上了，必定有另一扇门打开。失去了一种东西，必然会在其他地方有所收获，关键是你要有乐观的心态，相信有失必有得。要正确对待你的失去，有时失去也就是另一种获得。

从前有一位国王，他有7个女儿，这7位美丽的公主是国王的骄傲。她们那满头乌黑亮丽的长发远近皆知，所以国王送给她们每人100个漂亮的发夹。

有一天早上，大公主醒来，一如往常地用发夹整理她的秀发，却发现少了一个发夹，于是她偷偷到二公主的房里，拿走了一个发夹；二公主发现少了一个发夹，便到三公主房里拿走一个发夹；三公主发现少了一个发夹，也偷偷地拿走四公主的一个发夹；四公主如法炮制拿走了五公主的发夹；五公主一样

第三章
敢于放弃，清除人生路上的牵绊

拿走六公主的发夹；六公主只好拿走七公主的发夹。于是，七公主的发夹只剩下99个。

第二天，邻国英俊的王子忽然来到皇宫，对国王说："昨天我养的百灵鸟叼回了一个发夹，我想这一定是属于公主们的。而这也真是一种奇妙的缘分，不晓得是哪位公主掉了发夹？"

公主们听到了这件事，都在心里说："是我掉的，是我掉的。"可是头上明明完整地别着100个发夹，所以都很懊恼，却说不出。只有七公主走出来说："我掉了一个发夹。"话才说完，一头漂亮的长发因为少了一个发夹，全部披散了下来，王子不由得看呆了。

故事的结局很完美：王子与七公主从此过上了幸福快乐的生活。

失去，从某种意义上来讲其实是一种福气。我们虽然也懂得这个道理，但在实际的生活中，却常常做不到舍弃。

在滑铁卢大战中，大雨造成的泥泞道路使炮兵移动不便。拿破仑不甘心放弃最拿手的炮兵，而如果推迟时间，对方增援部队有可能先于自己的援军赶到，那样后果不堪设想。然而，在踌躇之间，数小时过去了，对方援军赶到。结果，战场形势迅速扭转，拿破仑遭到了惨痛的失败。

因此，当你坚信你选择的方向是正确的时候，就要毫不犹豫地放弃一些东西，如果你什么都想要，最后可能什么都抓不住。

人生就是在得与失之中慢慢流逝，任何获得的背后都是失去，同理，任何失去的后面也包含着得到。比如你去做一件事情并且成功了，表面上你是获得了财富、权力等，但你同时失去的是选择做其他事情的机会，这就是所谓的"机会成本"。

生活中其实没有什么东西是不能放手的，也没有什么东西是不可或缺的。人生需要选择，生命需要蜕变，每当面临"失去"时，我们都要有足够的勇气，改变自己，学会放弃，只有这样才能获得重生，去创造另一个辉煌。

第三章
敢于放弃，清除人生路上的牵绊

03 大弃大得，小弃小得

在日常生活中，有些人随时淘汰那些不再需要的东西，省去了集中处理的精力，家中也显得简洁明快。其实，人生亦是如此，无论你的名誉、地位、财富、亲情，还是你的烦恼、忧愁都有很多该弃而未弃或该储存而未储存的。人类本身就有喜新厌旧的嗜好，都喜欢焕然一新的。因此，学会放弃也就成了一种境界，大弃大得，小弃小得。在生活中学会放弃不如意的时候，学会放弃生命中可有可无的东西，心胸自会坦然。

学会适时放弃，才是成大事者明智的选择。比如下棋的时候，有些局面需要弃子。弃子的力越大，得到的战果越佳，甚至是将杀对方的主帅。

有一个聪明的年轻人，总想在一切方面都比其他人强，尤其想成为一名大学问家。可是，许多年过去了，他的其他方面都不错，学业却没有长进。他很苦恼，就去向一个大师求教。

大师说："我们去登山吧，到山顶你就知道该如何做了。"

那山上有许多晶莹的小石头，非常迷人。每见到他喜欢的石头，大师就让他装进袋子里背着,很快,他就吃不消了。

"大师,再背,别说到山顶了,恐怕连动也不能动了。"他痛苦地望着大师。

"是呀,那该怎么办呢?"大师微微一笑,"该放下!不放下,背着石头怎么能登山呢?"

年轻人一愣,忽然心中一亮,向大师道了谢走了。之后,他一心做学问,进步飞快……

其实,人要有所得必要有所失,只有学会舍弃,学会放下,才有可能登上人生的最高峰。

很多时候,我们会羡慕在天空中自由自在飞翔的鸟儿。人,其实也该像鸟儿一样,欢呼于枝头,跳跃于林间,与清风嬉戏,与明月相伴,饮山泉,觅草虫,无拘无束,无羁无绊。这才是鸟儿应有的生活,也是人类应有的生活,然而,这世上终还有一些鸟儿,因为忍受不了饥饿、干渴、孤独乃至于爱情的诱惑,情愿成为笼中鸟,永远地失去了自由,成为人类的玩物。

鸟儿面对的诱惑非常简单,而人类,却要面对来自红尘之中的种种诱惑。于是,人们往往在这些诱惑中迷失了自己,从而跌入了欲望的深渊,把自己装入了一个打造精致的所谓"功名利禄"的金丝笼里。这是鸟儿的悲哀,也是人类的悲哀。然而更为悲哀的是,鸟儿被囚禁于笼中,被人玩弄于股掌之上,仍然欢呼雀跃,放声高歌,呢喃学语,博人欢心;而人类置身于功名利禄的包围中,仍自鸣得意,唯我独尊。这应该说是一种更深层次的悲哀。

人生是复杂的,有时又很简单,甚至简单到只有放弃和得到。在仕途中,放弃对权力的追逐,随遇而安,得到的是宁静与淡泊;在淘金的过程中,放弃对金钱无止境的掠夺,得到的是安心和快乐;在春风得意、身边美女如云时,放弃对美色的占有,得到的是家庭的温馨和美满。

苦苦地挽留夕阳,是傻人;久久地感伤春光,是蠢人。什么也不放弃的人,往往会失去更珍贵的东西。怀抱一颗平和之心,挡住诱惑,学会放弃,坚持内心的一方净土。今天的放弃,是为了明天的得到。

我们只有真正把握了放弃与得到的机理和尺度,才有可能获取开启人生成功之门的钥匙。要知道,百年的人生,也不过就是舍与得的重复。

放弃是一种境界,大弃大得,小弃小得。

04 尽早离开可能
　　是更聪明的选择

海之族的主要管理者是一群企鹅，它们虽不聪明，但总是大权在握。管理者总是身着那套与众不同的黑白制服。它们始终坚信着装与做事一样，保持一致是最好的，并且统一着装代表着团结一致。

相反，其他鸟儿们却穿着五颜六色、色彩斑斓的衣服，这些服饰表明了它们作为一般员工的身份，也展示了其丰富多彩的生活方式。这些鸟儿被鼓励遵循企鹅的行为模式，它们学习如何进行企鹅式行走，并时刻以自己的领导——企鹅为榜样。

有一天，企鹅王国里飞来了一只漂亮的孔雀。它个性张扬，外表绚丽多彩，更重要的是，它的创意层出不穷。虽然其他鸟儿并不喜欢它，而管理者企鹅却很看重它的创新思想，孔雀也因此视自己为企鹅王国中真正有企鹅般潜质的接班人。起初，众乐融融，孔雀尽情地发挥，它的表现令企鹅们相当满意。

然而，没过多久，企鹅们便开始对这只孔雀小声地抱怨："太张扬了！""太花哨了！""太自作主张了！"很显然，孔雀的表现让企鹅们感到很不自在。

要成为管理者，孔雀必须效仿企鹅，也"穿黑衣，戴黑帽"，否则在企鹅王国里就不可能出人头地。想到有一天自己会被演变成一只企鹅，孔雀再也开心不起来了。最后，它选择了离开。

生活中有很多类似企鹅王国的故事，或许你就是"企鹅"一族，或许你就是那只与众不同的孔雀。

其实企鹅王国或者企鹅文化存在于当今的许多组织中。尽管组织的管理者口口声声宣称组织需要不同性格、不同气质的人才的加入，才能保持组织旺盛的活力，但在选聘和提拔人才时却不自觉地把应聘者的行为与自己的行为标准进行比较，最终只有那些同他们风格相似的人被选用和提拔。如果组织成员都以同一种方式行动，以同一个角度思考问题的话，组织的处境是相当危险的。

如果你是"企鹅"一族，要想打破这种不健康的文化，就必须承认别人的行为风格和思维视角。承认一切对组织发展有利的思想和观念，选用和提拔那些虽与自己的行为风格不同、但能从全新的角度思考和解决问题的人。这样才会使组织具有多元化的思想。

如果你是那只与众不同的"孔雀",那么在企鹅王国中该怎么办呢?首先必须认清事实:这个组织的文化不利于自己的发展,除非改变自己。这时你需要权衡一下:是改变自己继续留在组织中更有利于事业成功,还是离开这里寻找更适合自己发展的空间。实际上,改变自己并不容易,尽早离开就是一个比较聪明的选择。

在当今瞬息万变的职场中,人们的就业观念在变,就业方式在变,求职技能也在变,有成千上万种职业供我们选择。但是,选择一份工作不像我们买一条毛巾那样简单、随便。不论是什么原因,当你决定要辞去眼前这份工作时,请暂停10分钟,看一看以下的题目哪个最接近你的感觉,然后再做出最后的抉择:

1.每天早晨起来后准备去上班:
A.自我感觉满怀信心,有充足的能力完成新一天的工作。
B.没有什么感觉,但不得不去上班,对于工作只是应付。
C.对去上班有一种反感,只盼哪一天能脱离这种环境。

2.如果留在目前的岗位:
A.一段时间后我一定会辞职,我有能力承担起新的责任。
B.我就这样做下去,能让报酬到手就算可以了。
C.得过且过,混一天算一天。

3.我讨厌眼前工作的理由是:
A.工作不令我讨厌,出现令我讨厌的事情我会认真处理好。
B.出现令我讨厌的事情,我会愤怒不已。
C.出现令我讨厌的事情,我会长时间表示不满,并消极地对待本职工作。

第三章
敢于放弃，清除人生路上的牵绊

4.上司当众为一个他自己犯的错误而斥责我，我会：

A.理智地解释。

B.跟他吵起来。

C.拔腿就走，不屑一顾，心中却想："我受够了。"

5.上次我有辞职的冲动时，我打消这种冲动的办法是：

A.找出问题的所在并解决了它。

B.对朋友或亲人发牢骚，通过他们的劝说忘掉了这件事。

C.一直在想怎样找到一份新的工作。

6.上一次我在工作中获得最大的满足感是：

A.10天前。

B.3个月前。

C.跟我开玩笑，什么叫工作的满足感？

7.假如你真的辞职来到一个新的工作环境，你的感觉是：

A.感到振奋，有一种重新创业的感觉，但仍很怀念以前的职业。

B.不敢肯定是否能干好，但我要尽力而为。

C.如释重负，"天啊，我终于脱离苦海了。"

上面的7点，请您勾勒对照：

A占多数，可以说你完全胜任目前的工作，并且有光明的前景。留下来吧，你已经选对了行业，但记住你仍要谦虚谨慎。

B占多数，说明这份工作大体还是适合你的，不过你要克服一些困难，找出你在工作中的问题并尽快解决。要在某些方面寻求一些支援，同时可以了解一些新职业的动向，对于特别适合自己的可以作辞职的打算。

C占多数，该马上离去，这份工作根本不适合你，如果你现在不下决心，也许会失去你重新择业的机会。

总之，当你发现你应聘的这家企业的组织文化并不被你所认同时，请别抱有任何幻想：企业不会因你一个人而改变，而你向企业文化靠近也并不容易。在这种情况下，要尽早离开，这是最聪明、最正确的选择。

第三章
敢于放弃，清除人生路上的牵绊

05 放弃平庸，
勇于挑战

改善社会最好的方法，就是透过各种形式的教育，让每一个人自立自强，然后整个社会自然进步繁荣。年轻人充满干劲、冲力十足，往往有杰出的表现。因为他们既不瞻前，也不顾后，努力做好手边的工作，对于变化多端的世事，他们凭着信心与勇气，迎向前去。

如果一个人所希望的就是眼前的职业的话，那么他再继续学习与进步的可能性就很有限了。固定的职业、固定的工作环境、固定的薪水、固定的生活方式，久而久之便会使人产生固定的舒适之感，无法再去面对任何挑战。

人不能只满足于舒适的生活，因为生命本身充满了不可避免的危机。前一秒钟是安全的，下一秒钟就可能出现状况，如心脏病、车祸、失火、欠债……任何一个坏消息都会毫无警告地发生。如何在人生舞台上维持适当的演出，确实是一件困难的事。但是基本的心态非常重要，就是时时警觉，准备接受挑战。挑战的积极意义，就像孟子所说的："所以动心忍性，增益其所不能。"磨炼使人奋发，愈战愈勇，最终成就超群的才艺。孔子坦承自己出身贫贱，历经许多考验，所以具有多方面的优越能力。

接受挑战的必要条件是勇气。勇气由正视生命中的压力与张力而来。缺乏压力与张力，则生命机体将在演化过程中遭到淘汰。所谓"物竞天择，适者生存"，放在社会层次上来看，就表示人的成功需要不断地竞争与进步。

勇气主要表现在突破习惯的藩篱。习惯限制了人思维的自由发展，扼杀了人的创造力。突破习惯的目的是要人明白人的本质是充满创意的生命力，同时世界是不停向前发展的存在体。正因为有人们不断地革新，才能从原始野蛮的刀耕火种时代走到今天发达文明的网络时代。只要活着一天，就要面对新的太阳、新的世界以及新的自我。

未来是不可知的。明天后天尚未来临，并没有人知道会发生什么事，所以我们不要止于平庸，要以极大的勇气与智慧向前迈进，继续开创更卓越的人生。

人在成长的过程中，常常体会到：生命是一个不断的磨炼过程。像"从前种种譬如昨日死"、"以今日之我与昨日之我战"之类的谚语，都暗示了人生必须不停地创造前进，不可因循既有的习惯，或贪恋现成的享受。

因循与贪恋是人的惰性的表现。人在一生中，总要设定一些目标，像升学、就业、成家、扬名、晋升等，只要达到其中任何一项，都会使人暂时忘却辛勤的耕耘，暗自庆幸。可惜，人生并未就此止步。有些人考上大学以后，以为大学真是"由你玩四年"。四年过后，面对更激烈的就业之争。恐怕要遭遇更大的挫败。

退一步来说，从"自我实现"的观点看来，因循与贪恋终究不是人生正途。刚刚走进职场的人，对于自己的待遇颇有抱怨。一两年后，对现处的职位等更加不满，从而要求更理想的条件。类似的情形不断重现。

世界上到处充满机会，放弃平庸，勇于挑战，必然会有新的收获。在科学方面，在宗教方面，在商业方面，在教育方面，到处都需要有勇气的人才。

第三章
敢于放弃，清除人生路上的牵绊

人需要投入勇气，以求实现潜藏心底的梦想。美国近年来一再强调"美国人的梦"，目的主要是唤醒人民的奋斗意志，继续创造更美好、更理想的家园。美国黑人民权领袖马丁·路德·金的著名演说，就以"我有一个梦想"为题，感人至深。梦或梦想是人对未来的憧憬，对自己的期许。为了实现梦想，人必须有勇气超越因循与贪恋，让自己提升到新的立足点，重新振作。勇气使人忘记各种挂虑，激浊扬清，展现专一的自我。

就像爱情一样，勇气只能体验而难以描述。因为勇气不是客观的理论可以解释，而需要主动的投入才能证实。主动的投入可能含有冒险的成分，但是它的收获却是主体的日趋完美。一些人之所以一辈子平平庸庸、清清淡淡，一直走到人生的尽头也没有享受到真正成功的快乐和幸福的滋味，就是因为他们安于现状，不敢冒险，没有勇气走前人没走过的路。

勇气就是让自己投入一个理想，让自己与这个理想合而为一。我们今日所有的一切无不是从前的我们的理想与努力实现的。新的投入，要求我们放弃或超越旧有的一切，向着新的理想前进。没有放弃，就没有获得；没有超越，就没有提升。放弃平庸，勇于挑战，才有多姿多彩的人生。

第三章
敢于放弃，清除人生路上的牵绊

06 相信一切
　　都会过去

　　人生总免不了要遭遇这样或那样的不幸。确切地说，我们常常都在经受和体验各种不幸。其实，不幸并不可怕，重要的是你如何面对它。有的人灰心、气馁；有的人调整心态，重整旗鼓……

　　古希腊有一位国王，拥有至高无上的权势、享用不尽的荣华富贵，但他并不快乐。他可以主宰自己的臣民，却难以操控自己的情绪，种种莫名其妙的焦虑和忧郁经常让他闷闷不乐，寝食难安。

　　于是，他召来了当时最负盛名的智者苏菲，要求他找出一句人间最有哲理的箴言，这句浓缩了人生智慧的话必须有一语惊心之效，能让人胜不骄、败不馁，得意而不忘形、失意而不伤神，始终保持一颗平常心，而且要把这句话刻在他的钻戒上，苏菲答应了国王。

　　几天后，苏菲将戒指还给了国王，并再三劝告他：不到万不得已，别轻易取出戒指上镶嵌的宝石，否则，它就不灵验了。

　　没过多久，邻国大举入侵，国王率部下拼死抵抗，但最终整个城邦沦陷于敌手，于是，国王四处亡命。

有一天，为逃避敌兵的搜捕，他藏身在河边的茅草丛中。当他掬水解渴，猛然看到自己的倒影时，不禁伤心欲绝——谁能相信如今这个蓬头垢面、衣衫褴褛的人，就是那个曾经气宇轩昂、威风凛凛的国王呢？

就在他双手掩面欲投河轻生之际，他想到了戒指。他急切地抠下了上面的宝石，只见宝石里侧镌刻着一句话——这也会过去！

顿时，国王的心头重新燃起希望的火花。从此，他忍辱负重，卧薪尝胆，重招旧部并东山再起，最终赶走了外敌，赢回了王国。

而当他再一次返回王宫后，所做的第一件事便是将"这也会过去"这句五字箴言，镌刻在象征王位的宝座上。

后来，他被誉为最有智慧的国王而名垂青史。据说。在临终之际，他特意留下遗嘱：死后，双手空空地露出灵柩之外，以此向世人昭示那句五字箴言。

当我们取得成就的时候，轻轻地告诉自己："这也会过去！"千万不要沾沾自喜，要知道，荣誉只代表着过去，以后的路还得靠自己打拼，如果枕着荣誉睡觉，那么随之而来的就是失败。当我们遭遇失败，痛苦无依的时候，请记住："这也会过去！"它会告诉你，人生的道路不是一帆风顺的，挫折不能挫败人的意志，磨难让我们成长，风雨之后是彩虹。

"这也会过去！"没有永远的成功，更没有永远的失败。没有永远的职位，也没有永远的钱财。

普希金说："一切都是暂时的，转瞬即逝……因此，在我们身处顺境时，要学会惜福与感恩；身处逆境时，要学会坚忍和等待，要相信逆境只是暂时的。"告诉自己：这也会过去，一切都将会过去。

铭鉴经典
主动选择　敢于放弃

07 为失去而感恩

犹太人有段谚语很有意思："如果你断了一条腿，你就该感谢上帝没有折断你的两条腿；如果断了两条腿，你就该感谢上帝没有扭断你的脖子；如果断了脖子，那也就没有什么好担忧的了。"

在人生的海洋中航行，不会永远都一帆风顺，难免要经历无数的失去。学会为失去感恩，勇于承受失去的事实，是走出失去的阴影、获得重新生活的勇气的关键。当我们失去了曾经拥有的美好时光，总是会更加感叹人生路的难走，其实大可不必如此，人生总是在不断地失去和拥有。拥有快乐，失去烦恼；捡到幸福，去掉伤悲。其实，最重要的是我们要坦然地面对失去，为失去而感恩，下面这个故事或许能让你悟出更多的道理。

一个商人在翻越一座山时，遭遇了一个拦路抢劫的山匪。商人立即逃跑，但山匪穷追不舍。走投无路时，商人钻进了一个山洞里，山匪也追进了山洞里。

在洞的深处，商人未能逃过山匪的追逐。黑暗中，他被山匪抓住了，遭

第三章
敢于放弃，清除人生路上的牵绊

到了一顿毒打，身上所有的钱财，包括一把准备夜间照明用的火把，都被山匪掳去了。

"幸好山匪并没有要我的命！"商人为失去钱财和火把沮丧了一阵，突然想开了。

之后，两个人各自寻找着山洞的出口。

这山洞极深极黑且洞中有洞，纵横交错。两个人置身于洞里，像置身于一个地下迷宫。

山匪庆幸自己从商人那里抢来了火把，于是他将火把点燃，借着火把的亮光在洞中小心地行走。火把给他的行走带来了方便，他能看清脚下的石块，能看清周围的石壁，因而他不会碰壁，不会被石块绊倒。但是，他走来走去，就是走不出这个洞，最终，力竭而死。

铭鉴经典
主动选择　敢于放弃

商人失去了火把，没有了照明，但是他想："我还有眼睛呢。"于是，他在黑暗中摸索着，行走得十分艰辛。他不时碰壁，不时被石块绊倒，跌得鼻青脸肿。但是，正因为没有了火把的照明，使他置身于一片黑暗之中，这样他的眼睛就能够敏锐地感受到洞外透进来的微光，他迎着这缕微光摸索爬行，最终逃离了山洞。

后来，商人还暗自庆幸山匪抢走了他的火把，否则他也会像山匪那样困死在洞中。

塞翁失马，焉知祸福。很多人因为失去才有了更好的获得，比如断臂而有维纳斯的不朽，失明而有《二泉映月》，瘫痪而有《钢铁是怎样炼成的》……这些故事告诉我们，生活中其实没有什么东西是不能放手的。昨日渐远，你会发现，曾经以为不可放手的东西，只是生命中的一块跳板而已，跳过了，你的人生就会变得更精彩。人在跳板上，最艰难的不是跳下来的那一刻，而是在跳下来之前，心里的犹豫、挣扎、无助和患得患失，那种感觉只有自己才能体会得到。同样，没有什么东西是不可或缺的，学会为失去感恩，幸福的阳光就会洒满你的心扉。

08 有些事放不下，
　　是因为心中杂念太多

人生中有很多时候，我们拥有的内容太多太乱，我们的心思太复杂，我们的负荷太沉重，我们的烦恼太无绪，诱惑我们的事物太多，这些都无形而深刻地损害着我们。

坦山和尚准备拜访一位他仰慕已久的高僧，高僧是几百里外一座寺庙的住持。早上，天空阴沉沉的，远处还不时传来阵阵雷声。

跟随坦山一同出门的小和尚犹豫了，轻声说："快下大雨了，还是等雨停了再走吧。"

坦山连头都不抬，拿着伞就跨出了门，边走边说："出家人怕什么风雨。"

小和尚没有办法，只好紧随其后。两人才走了半里山路，瓢泼大雨便倾盆而下。雨越下越大，风越刮越猛。坦山和小和尚合撑着伞，顶风冒雨，相互搀扶着，深一脚浅一脚艰难地行进着，半天也没遇上一个人。

前面的道路越走越泥泞，几次小和尚都差点滑倒，幸亏坦山及时扶住他。走着走着，小和尚突然站住了，两眼愣愣地看着前方，好像被人施了定身法似的。坦山顺着他的目光望去，只见不远处的路边站着一位年轻的姑娘。在这样大雨滂沱的荒郊野外出现一位妙龄少女，难怪小和尚吃惊发呆。

这真是位难得一见的美女，瘦瘦的瓜子脸，两道弯弯的黛眉，一对晶莹闪亮的大眼睛，挺直的鼻梁，鲜红欲滴的樱桃小口，一头秀发好似瀑布披在腰间。然而她此刻秀眉微蹙，面有难色。原来她穿着一身崭新的衣裙，脚下却是一片泥潭，她生怕跨过去弄脏了衣服，正在那里犯愁呢。

坦山大步走上前去："姑娘，我来帮你。"说完，他伸出双臂，将姑娘抱过了那片泥潭。

以后一路行来，小和尚一直闷闷不乐地跟在坦山身后走着，一句话也不说，也不要他搀扶了。

傍晚时分，雨终于停了，天边露出了一抹淡淡的晚霞，坦山和小和尚找

第三章
敢于放弃，清除人生路上的牵绊

到一个小客栈投宿。

直到吃完晚饭，坦山洗脚准备上床休息时，小和尚终于忍不住开口说话了："我们出家人应当不杀生、不偷盗、不淫邪、不妄语、不饮酒，尤其是不能接近年轻貌美的女子，您怎么可以抱着她呢？"

"谁？哪个女子？"坦山愣了愣，然后微笑道，"噢，原来你是说我们路上遇到的女子。我可是早就把她放下了，难道你还一直抱着她吗？看来你还没有放下，你心中还有太多的杂念啊！"

小和尚顿悟。

有些事之所以放不下，是因为心中有太多的杂念。想要驱除杂念，就要在心中保持一片清澄，让杂念没有滋生之处。只有这样，才能达到一种"放下"的境界，你才可以简捷轻松地走自己的路，人生的旅途才会更加愉快，你方可登得高，行得远，看到更美的人生风景。

第四章
舍弃计较之心，人生自有大境界

在人与人彼此的交往中，不必计较恩怨得失，适当的消除误会，原谅对方有意或无意的过错，以更豁达的胸怀面对人生，你也就少了许多烦恼，多了几分轻松。学会宽容，舍弃计较之心，生活会更美好。

铭鉴经典
主动选择　敢于放弃

01 以平常心
看待万事万物

　　生活中，我们总是会拥有很多东西，但同时也会失去一些东西。一个人不可能毫无失去就能完全拥有，那不是真正的生活。有时失去意味着另一种获得；有时失去让我们发现还有其他美好的事物依然存在，也因此，这样的获得和存在会更让人珍惜。我们要用一颗平常心去看待生活中的万事万物，凡事看淡一点，知足常乐。塞翁失马的故事，说的也是这个道理。

　　北方边塞的一位老翁走失了一匹马，乡邻们都来安慰他，老翁说："这件事未必不是一件好事。"

　　过了几个月，那匹走失的马跑了回来，而且还带回了一匹雄壮的骏马。乡邻们知道后，都前来表示庆贺。这位老翁说："这未必不是坏事。"

　　老翁的儿子喜欢骑马，他在骑那匹骏马时摔了下来，跌断了大腿。乡邻们听说以后，前来慰问。老翁却毫不在意地说："这倒未必不是福。"

　　事过半年，匈奴兵大举入侵边境，老翁的儿子因腿跛而免去了被征调当兵。乡里的其他青壮年都被征调去当兵且大多战死沙场，老翁的家庭却是安然无恙。

第四章
舍弃计较之心，人生自有大境界

你可能会想：老翁是不是有未卜先知的大智慧？生命是一个循环过程，好事可能变成坏事、坏事也能变成好事的情况是经常发生的。福祸是相依相伴的，你获得了上司的赞赏就一定是好事吗？或许其他同事会心怀嫉妒，以后不配合你的工作了呢。同样的，一位优秀的技术专家离开团队也不见得就是坏事，说不定这更有利于他发挥自己的潜能呢。

所以，在思考任何问题时都要利弊并举，这样才能得出较为全面的结论。

当然，福祸相伴相生的道理你可能早就知道，但你为什么没有表现出与老翁一样的智慧呢?

一个人一生中遇到挫折、不幸、失意是难免的，关键是我们要拥有一颗"不以物喜，不以己悲"的平常心。当"好"事发生时欣喜若狂，当"坏"事发生时哀怨难当，如此怎能察觉福祸的转化呢？要想形成利弊并重的思考方式，首先必须具有一颗平常心。在取得胜利时能冷静地改进不足，在遭遇失败时能找到自己的优势坚定信心。如此才能以一种从容坦然的心态，洞悉事物背后的利害关系，并壮大自己的事业。

02 把嫉妒转化为一种积极因素

社会的发展史是从广泛的人际交往着手的。在社会这个大家庭中，谁也离不开谁，人们不断地结识陌生人，可能有不如我们的人，也有比我们优秀的人，在与这些人的交往中，有和谐，也会有矛盾，而嫉妒心理成为人们交往的障碍，造成社会成员之间的不协调。

有个人幸运地遇见了上帝。上帝对他说：从现在起，我可以满足你任何一个愿望，但前提是你的邻居必须得到双份。那人听了喜不自禁，但仔细一想后，心里不平衡起来。如果我得到一份田产，那邻居就会得到两份田产；要是我得到了一箱金子，那他就会得到两箱金子；更要命的是，要是我得到一个绝色美女，那个注定要打一辈子光棍的家伙就同时拥有两个绝色美女！

那人想来想去，不知道提出什么愿望，因为他实在不甘心让邻居占了便宜。最后，他咬牙对上帝说："万能的主啊，请挖去我一只眼珠吧！"

这个故事可能会让我们明白，嫉妒心理实在要不得。嫉妒是天下最坏的毛病，同时也是最难摆脱的毛病。有无数的精英人士因嫉妒别人的境遇比自己好,别的团队比自己的团队精诚团结,别的企业比自己的企业强大而有实力,最终陷入失败的境地。强烈的嫉妒会使人做出不理智的事来,就像故事里的人要求上帝挖去他的眼珠一样。因嫉妒而产生的疯狂的想法会断送一个人、一个团队、一个企业的成长之路。"可是我去不掉这个毛病,一看到别人比自己拥有更多的机会,我就觉得不公平。"的确如此,彻底消除嫉妒之心是不容易的。但只要你能有一个较好的意志品质,有一心向善的自觉,便可以把嫉妒转化成一种积极的因素,把它变成一种动力,激励自己去努力进取。

消极的嫉妒是可怕的,但积极的嫉妒却可以帮助我们获得成功。要成为智者,就要掌握化消极为积极的秘诀,用嫉妒激发自己的创造性。

亨利的身体状况不太好,动辄失眠,心跳过速,40多岁正当年的男子汉却干不了多少力气活，到医院进行全面的身体检查也没有查出什么大毛病。时间长了，才发现亨利心理状态不正常，而这主要源于他对周围人的一种强烈的嫉妒心。

从这个例子中我们就足见嫉妒心理的严重危害性，难怪西方有一个国家已将嫉妒与麻风病相提并论。

嫉妒是一种难以公开的阴暗心理。在日常工作和社会交往中，嫉妒心理常发生在一些与自己旗鼓相当、能够形成竞争的人身上。看见别人取得令人瞩目的成就，在某个领域独领风骚，春风得意，要说毫无反应，对此视而不见，置若罔闻，也是不可能的。但如果因此产生嫉妒，就会使自己的人格扭曲，如果因嫉妒而产生害人之心，那就更让人痛惜了。

如果被嫉妒心理困扰，难以解脱，一定要控制自己，不做伤害对方的过激行为。然后不妨用转移的方法，将自己投入到一件既感兴趣又繁忙的事情中去。

一个有道德、思想纯正、积极进取的人，当他发现有人比自己做得好，比自己有能力时，从不去考虑别人是否超越了自己，或对别人心生嫉妒，而是从别人的成绩中找出自己的差距所在，从而振作精神，向人家学习。这样，便有可能在一种积极进取的心理状态下，迸发出创造性，赶上或超过曾经比自己强的人。这也正是古人说的见贤思齐。

伯特兰·罗素是20世纪声誉卓著、影响深远的思想家之一、1950年诺贝尔文学奖获得者。他在其《快乐哲学》一书中谈到嫉妒时说："嫉妒尽管是一种罪恶，它的作用尽管可怕，但并非完全是一个恶魔。它的一部分是一种英雄式的痛苦的表现。人们在黑夜里盲目地摸索，也许走向一个更好的归宿，也许只是走向死亡与毁灭。要摆脱这种沮丧的绝望，寻找康庄大道，人必须像他已经扩展了的大脑一样，扩展他的心胸。他必须学会超越自我，在超越自我的过程中，学得像宇宙万物那样逍遥自在。"

第四章
舍弃计较之心，人生自有大境界

嫉妒心理不但对对方构成伤害，而且还对自己的生理与心理构成较大的危害，但如果你想改变它，不是不可能。有见贤思齐的精神，学会调整自己的心态，不断开阔自己的心胸，那些可能不期而至的嫉妒心理便会烟消云散，你便会成为一个受欢迎的人。

03 严苛有时是爱的
　　另一种表达方式

　　森林里的狐狸养了一窝小狐狸,小狐狸长到能独自捕食的时候,母狐狸就把它们统统赶了出去。小狐狸恋家,不走。母狐狸就又追又咬,毫不留情。小狐狸中有一只是瞎眼的,但是母狐狸也没有给它特殊的照顾,照样把它赶得远远的。最后,小狐狸们只能失望地离开家,无助地走进危机四伏的丛林……

　　母狐狸如此对待自己的孩子,是不是太残忍了?可是自然界的生存法则就是"物竞天择,适者生存。"这则小故事告诉我们:一只也不能留,否则母狐狸连同她的孩子们最终都会死亡——母狐狸可能会被累死(因为要为那么多狐狸寻找食物),小狐狸可能会因捕食能力太差而成为天敌的腹中之食。"没有谁能养它们一辈子。"这就是母狐狸教育孩子的哲学。

　　严苛有时是爱的另一种表达形式,而仁慈却可能害了那些必须接受历练才能成功的人们。可是,生活中却有许多人不懂得这个道理,比如有些领导事必躬亲,时时处处插手下属的工作,还自认为这对下属是有好处的,最起码减少了他们犯错误几率。可事实恰恰相反,这样做剥夺了下属独立承担责

第四章
舍弃计较之心，人生自有大境界

任的机会，久而久之就会使他们失去主观性和能动性，失去了创造力，事事习惯于依赖上司和别人，无法独立地去完成一件事情，最终成为一个什么都干不了的庸才。

在领导团队时，应该学会必要的放权，让组织成员自己想办法去解决实际工作中出现的问题。一个普通人只有通过不断地犯错误才能成为人才。"物竞天择，适者生存"这条法则不仅仅适用于自然界，在人类社会中同样适用。

让我们再来看看那些小狐狸。它们一连饿了好几天肚子，后来终于捕到了食物，也许是一只山鸡，也许是一只兔子。当然，你可能还惦记着那只眼睛瞎了的小狐狸，它最终也生存了下来，因为它练就了一身依靠嗅觉来觅食的本领。

铭鉴经典

主动选择　敢于放弃

04 冲动是理性
　　思考的大敌

生活中有很多悲剧都是由于一时冲动和鲁莽造成的。如果我们在遇事时能保持冷静，有些事缓一缓再做决定，其实很多悲剧都可以避免。

曾经有一个又愚又笨的年轻人，他一直很穷，可是他的运气还不错。在一次下雨的时候，有一堵围墙被雨冲倒了，他居然从倒了的墙里挖出了一坛金子，因此他一夜暴富。可是他依然很笨，于是就向一位僧人诉苦，希望僧人能指点迷津，让自己变得聪明一些。

僧人告诉他说："你有钱，别人有智慧，你为什么不用你的钱去买别人的智慧呢？"

于是这个愚人就来到了城里，见到一个智者，就问道："你能把你的智慧卖给我吗？"

智者答道："我的智慧很贵，一句话100两银子。"

愚人说："只要能买到智慧，多少钱我都愿意出！"

于是，那个智者对他说道："遇到困难不要急着处理，向前走三步，然

第四章
舍弃计较之心，人生自有大境界

后再向后退三步，往返三次，这样你就能得到智慧了。"

"智慧这么简单吗？"愚人听了将信将疑，生怕智者骗他的钱。

智者从他的眼中看出他的心思了，于是对他说："你先回去吧，如果觉得我的智慧不值这些钱，那你就不要来了，如果觉得值，就回来给我送钱来！"

当夜回家，在昏暗中，他发现妻子居然和另外一个人睡在炕上，顿时怒从心生，拿起菜刀准备将那个人杀掉。突然，他想到白天买来的智慧，于是前进三步，后退三步，往返三次，这时，那个与妻同眠者惊醒过来，问道："儿啊，你在干什么呢？深更半夜的！"

愚人听出是自己的母亲，心里暗惊："若不是白天我买来的智慧，今天就错杀母亲了！"

第二天，他早早地就给那个智者送银子去了。

人遇到外界的不良刺激时，难免情绪激动、发火愤怒。但这种激动的情绪不可放纵，因为它可能会使我们丧失冷静和理智，使我们不计后果地行事。

　　要想避免悲剧发生，我们就必须时刻检讨自己：是否对某人付出了自己全部的信任。生活中，我们会因怀疑某人而无法做到公平公正。很多人都以为自己不是一个疑心重的人，但当危机发生时，他们还是会向自己的爱将甚至朋友、知己投去怀疑的一瞥。如果你不能完全信任别人，那么你必会失去别人对你的忠诚。

　　冲动是理智思考的大敌。如果在危机面前不能冷静分析，而是任由怒火发泄的话，必会犯下不可挽回的错误。不管在什么时候都要抑制自己的怒火，保持冷静。只有理智地分析事情的来龙去脉，才能找到真正犯错误的人，才不会做出错误的判罚，伤了忠诚于自己的人的心。

　　如果已经犯下了刺痛别人的心灵的错误，那也不要一味地自责、悔恨，这都于事无补，只有重新检讨自己，改正错误，弥补不足，争取不再让其他人受到伤害，才是对未来有益的选择。

第四章
舍弃计较之心，人生自有大境界

05 道义良知
　　重于赚钱

阿拉伯有句谚语说："财物多不算富有，真正的富有是精神的富有。"在当今全球商业环境下，可靠的产品质量与品牌口碑，是企业建立自身竞争优势的重要标准。任何忽视产品质量、不守信用的企业，都是注定要失败的。

有一批人到一家电镀厂参观，一进厂房，这批人便很惊奇，因为这家电镀厂并没有想象中应该有的刺鼻的药水味，据了解才得知，他们花了上千万元，装了极其标准的环保设备，而且这家电镀厂还是环保示范厂。

这家电镀厂的品质很高，但是业绩却一直无法突破瓶颈，因为他们的接单价格比同行业要高，很难有竞争力，原因之一当然就是环保设备成本太高。

老板最自豪的就是"绝不使用有伤人体的溶剂"，他认为，企业不能为了降低成本而使用有害人体的药水，这样做，近则赔上员工身体健康及宝贵生命，远则对整个自然环境将造成无法弥补的伤害。

由于设备成本及使用溶剂成本高于同行业，因此报价始终比同行业高两成，自然无法广开市场。多年来他们的业务来源，都是靠一些同样"坚守经营良知"理念的老客户支持。这些客户都认为"宁愿价格高一些，也不能害人"。

虽然消费者对这一方面并不知晓，但是他们时刻秉持着自己的道德良知，默默地在这日益艰苦的经营环境中奋斗着，他们需要社会给予肯定。

与其形成鲜明对比的是，有一些标榜"净化人性心灵"或是"改变自己创造成功"的训练机构，讲师满口仁义道德，"凡事莫计较、助人最快乐"等标语挂满墙壁，可是仅从高昂的贵族化收费，就证明自己在示范"讲归讲，做归做"的行业潜规则。

道德高于一切。虽然企业都是以盈利为目的，但凡事又应以道德良知为标准，对待顾客、消费者，无论是谁，都要以诚相待。企业盈利主要是靠产品的质量和服务态度来取得，永保信誉才能成功。一旦丧失信誉，企业必然招致失败。

曾经发生过的地沟油事件，至于卖死鸡、死猪肉者也不少，假药、假酒更是层出不穷，这些奸商为了一时的利益而丧失了道德良知，见利忘义，不讲社会责任，不讲信誉，最终受害的肯定是自己。

制造假酒，可置人于死地，但是罪则不会是杀人罪，而是违反商业法，顶多关几个月或是罚款了事；俱乐部收了会费一走了之，依法而说"企业资产清算后，能赔就赔"，不过实务上"赔得起就不必倒"；吸金公司骗局二十年来从没停过，可是很少投资者要得回本钱，能让大骗子总裁入狱更不简单。这一切都让许多骗子相信"赚钱容易，只要不计较道德良知"，而政府则是"希望"善良的社会大众自己擦亮眼睛，后果自行负责。

我们不能期待所有企业经营者，都能把道德良知看得比赚钱重要，但是我们可以期待政府帮助善良的不懂商场险恶的老百姓，能够避免被骗。怎么帮助？那就是重法重惩违法企业，而非借自由经济之名，放任自由骗人之实！

第四章
舍弃计较之心,人生自有大境界

06 不要怀着狭隘的
　　自私念头去行善

一个男孩和一条蛇一起玩耍,那是他父亲在田地里捉到的一条刚孵出不久的小蛇。农夫将它送给儿子当宠物。

不过,这条蛇有个特殊的本事,它能和人交谈。

"你知道吗?如果你是一条毒蛇,我就不会和你玩了。"男孩对蛇说。

"我知道。"蛇回答,"如果我有毒,你甚至不敢靠近我。"

"是的,因为我听过许多有关毒蛇的故事。"男孩说。

"当然!一个故事通常会有两个版本。"蛇回答道。

"我可以把我听过的那个故事讲给你听。"男孩问。

"好,我知道你是无论如何都会讲的。"蛇应道,它是一条聪明的蛇,不想过多地与小孩儿争论。

于是,男孩把他所听过的故事讲给蛇听:

"有个人在一次旅途中,发现树底下有一条蛇,它被冻得快要死了。好心的人便将它放入自己的衬衫内。他希望借助体温使蛇温暖。蛇渐渐苏醒过

主动选择 敢于放弃

来，觉得舒服多了。可等蛇恢复了气力后，它竟咬了那人一口，结果那位可怜的人因中毒而死去。"

"我听过这个故事，不过我们蛇类却有另一种说法。"蛇说。

"怎么可能呢？"男孩不悦地回答，"我听到的就是这个。"

"让我讲给你听吧。"蛇说。

接着，男孩开始听蛇讲故事。蛇的故事是这样讲的："那人拾起那条蛇，发现这是一条美丽的蛇，同时他以为蛇已经死了，准备把它带回家去剥它的皮。也正是因为这样，蛇才咬了他。"

男孩听后很生气，对蛇喊道："住嘴！这是忘恩负义的蛇为它所做的事找借口。"

男孩的父亲一直在一旁听着他们的谈话，他打断男孩说："孩子，你说得没错。"

"看！我说的是对的！"男孩对蛇说。

他非常开心他的父亲站在了自己的这一边。

"可是，在评定别人忘恩负义之前，应先了解整件事的前因后果。如果一个人怀着狭隘而自私的念头去行善施德，那么，他将得不到感恩，反而应该受到惩罚。"他的父亲继续说。

梵界讲究善恶轮回，因果报应。其实在现实生活中，这种所谓的"因果报应"只不过是心存感激的受惠者对施惠者的一种报偿而已。对他人施予善行，往往能收到更加丰厚的回报。

但是，在我们生活的周围，有很多只为自己活着的人，他们不肯为别人的生活提供便利，更不肯为别人放弃自己的一点点利益，像这样的人，别人也一定不愿意为他提供便利。我们生活在一个联系紧密的世界，任何人都无法孤立地生活。自私的人最后一定会因为自己的自私而受到伤害。

人人都有自私的心。古曰："私欲既怀了胎就生出罪来。"人有私心就可能会为了谋取自我利益去损害他人利益。我们应该尽量使私心不妨碍公共利益、他人利益。也许我们会在利益面前吃亏，但无私的人更宽心、无烦恼、无罪受。所以不要太自私，尤其是在行善时。

07 别让贪婪毁了你

阿拉伯有句谚语说得好："把贪心除掉，你的脚镣就能打开。"显然，染上贪婪的恶习，便有一副无形的镣铐加到你身上，除非及时猛醒其害，否则难免终身受其桎梏。因为贪心，你会忽略你的弱点，不顾一切去满足你的欲望。这样，即使危险摆在你面前，你也无法去理会、去避让，因为贪心遮住了你的眼睛，使你无法看到危险所在。

贪婪的可怕之处，不仅在于摧毁有形的东西，而且能搅乱一个人的内心世界。人的自尊、人所恪守的原则，都可能在贪婪面前垮掉。

有个樵夫在河边砍柴，不小心把斧子掉到河里。

因为失去了谋生的手段，他便坐在河岸上失声痛哭。

天神赫耳墨斯知道了此事，很可怜他，问明原因后，便下到河里，捞起一把金斧子来，问是不是他的，他说不是。接着，赫耳墨斯又捞起一把银斧子来，问是不是他掉下去的，他说："不，那不是我的。"赫耳墨斯第三次潜入水中，捞起一把铁斧子，樵夫说这才是自己所失掉的那一把。

第四章
舍弃计较之心，人生自有大境界

赫耳墨斯很赞赏樵夫为人诚实，便把金斧、银斧都作为礼物送给他。

樵夫带着三把斧子回到家里，把事情经过详细地告诉了他的同伴们。其中有一个人十分眼红，决定也去碰碰运气。他跑到河边，故意把自己的斧子丢到急流中，然后坐在那儿痛哭起来。赫耳墨斯如他所愿来到他面前，问明了他痛哭的原因，便下河捞起一把金斧子来，问是不是他所丢失的。那人贪婪地说："呀，正是我的，正是我的！"眼睛里对那把金斧充满了渴望，然而，他那贪婪和不诚实的样子却遭到了赫耳墨斯的痛恨，不但没赏给他那把金斧子，就连他自己的那把斧子也没给他。

贪婪永远没有满足的时候，永远会不停地伸出手去巧取豪夺。"贪"来的财富永远都不能满足欲望，事实上也就永远都是两手空空。而贪婪的结果只会带来无穷无尽的烦恼和麻烦。

铭鉴经典
主动选择　敢于放弃

　　生活贵在平衡，每一个环节都很重要，不能稍有偏废。如果过分贪婪，把握不住必要的尺度，就很容易受到伤害。然而，生活中有些人却永不满足，对物质的欲望，对财富的贪婪，对享受的喜好……永无止境，他们总是想得到更多，拥有更多，欲望无限的膨胀，最后断送了自己。"清心寡欲，无需所求"，少一些贪婪，追求简单，你才能发现和享受人生的快乐。

第四章
舍弃计较之心，人生自有大境界

08 挣脱欲望的锁链

生命之舟载不动太多的物欲和虚荣，在抵达彼岸时要学会轻载，欲望就像是一条锁链，一个牵着一个，贪心的人永远不会满足。

《百喻经》里有一个故事：从前有一只猕猴，手中抓了一把豆子，高高兴兴地在路上一蹦一跳地走着。一不留神，手中的豆子滚落了一颗在地上，为了这颗掉落的豆子，猕猴马上将手中其余的豆子全部放置在路旁，趴在地上，转来转去，东寻西找，却始终不见那一颗豆子的踪影。

最后猕猴只好用手拍拍身上的灰土，回头准备拿取原先放置在一旁的豆子，怎知那颗掉落的豆子还没找到，原先的那一把豆子却全都被路旁的鸡鸭吃得一颗也不剩了。

年轻时，对于某些事物的追求，如果缺乏智能判断，只是一味地投入，正像故事中的猕猴一样，只是顾及掉落的一颗豆子，等到后来，终将发现所损失的，竟是全部的豆子！想想，我们现在的追求，是否也是放弃了手中的一切，仅追求掉落的一颗豆子！

主动选择 敢于放弃

在印度的热带丛林里,人们用一种奇特的狩猎方法捕捉猴子:在一个固定的小木盒里面,装上猴子爱吃的坚果,盒子上开一个小口,刚好够猴子的前爪伸进去,猴子一旦抓住坚果,爪子就抽不出来了。人们常常用这种方法捉到猴子,因为猴子有一种习性,不肯放下已经到手的东西。

人们总会嘲笑猴子的愚蠢,但审视一下我们自己,也许就会发现,并不是只有它们才会犯这样的错误。

因为放不下到手的职务、待遇,有些人整天东奔西跑,耽误了更美好的前途;因为放不下诱人的钱财,有人费尽心思,利用各种机会去大捞一把,结果常常作茧自缚;因为放不下对权力的占有欲,有些人热衷于溜须拍马、行贿受贿,不惜丢掉人格的尊严,一旦事情败露,后悔莫及……

一个贪求厚利、毫不知足的人,等于是在愚弄自己,希望什么都能够得到,结果到头来却失去一切。当生命走到尽头时,回首往昔,如果头脑中只剩下金光阴影,却没有美好欢愉,生命岂不毫无色彩可言。让我们从猴子悲剧中吸取一个教训,牢牢记住:该松手时就松手。

第四章
舍弃计较之心，人生自有大境界

09 有时候，吃亏是一种福气

吃亏是福，因为人都有趋利的本性，你吃点亏，让别人得利，就能最大限度调动别人的积极性，使你的事业兴旺发达。

学点吃亏精神，这话让人一听感到有点奇怪，莫名其妙，难道吃亏还要学吗？只要能忍了，能认了，能咽下这口气就行，还用得着教与学？其实不然，能忍了，认了，能咽下这口气固然需要，也是有吃亏精神的表现，但会与不会，心态如何，仍大有区别。做人有无吃亏精神，既是人生交往面临的一道严峻考题，也是做人处事的一种精神境界。对于吃亏，有无精神准备，甚至上升到"吃亏是福"的高度，常常能看出一个人的道德情操和精神境界。

华人首富李嘉诚先生就是一个不怕吃亏的人。他十七岁开始自己做生意，有一家贸易公司向他订购一批玩具输往外国。当时货物已卸船付运，可向对方收取货款。忽然，贸易公司的负责人来电通知，外国买家因财政问题，无法收货，但贸易公司愿意赔偿损失。根据李嘉诚的判断，这批玩具很有市场，不愁顾客，自己的损失有限，回复说不用赔偿了。当时李嘉诚的考虑是留下一

铭鉴经典
主动选择　敢于放弃

个空间，建立互信的关系，日后就有更多的生意机会了。

在李嘉诚开始转营塑料花的时候，有一天，一位美国人突然找他，说经某贸易公司的负责人推荐，认为他的工厂是全香港最大规模的塑料花厂，决定定购一批塑料花。突如其来的订单让李嘉诚深感意外，因为当时他的厂房并不太大。后来李嘉诚才知道，从前那间贸易公司的负责人认识这位美国人，告诉他李嘉诚是完全值得信任的生意伙伴，为他说尽好话。这位美国人最后给李嘉诚6个月订单，更成为他的永久客户。他们所需的塑料花逐渐地全由李嘉诚供应，李嘉诚的塑料花业务发展因此一日千里。李嘉诚指出："做生意不要怕吃亏，需要以市场为依据的判断，一时吃亏，长远却往往有利。"

但现实生活中，能够主动吃亏的人实在太少，这并不仅仅因为人性的弱点很难拒绝摆在面前本来就该你拿的那一份；也不仅仅因为大多数人缺乏高瞻远瞩的战略眼光，不能舍眼前小利而争取长远大利。

强者恒强，很多时候就因为强者有吃亏的本钱；而弱者，就算想吃亏也吃不起，所以弱者的生存，实在是更难。吃亏是福，吃小亏占大便宜。但是吃亏也是有技巧的，会吃亏的人，亏吃在明处，便宜占在暗处，让你被占了便宜还感激不尽，这也是处世的智慧。

深圳有一个农村来的没什么文化的妇女，起初给人当保姆，后来在街头摆小摊儿，卖一个胶卷赚一角钱。她认死理，一个胶卷永远只赚一角，生意越做越大，现在她开了一家摄影器材店，还是一个胶卷赚一角；市场上一个柯达胶卷卖23元，她卖16元1角，批发量大得惊人，深圳搞摄影的没有不知道她的。外地人的钱包丢在她那儿了，她花了很多长途电话费才找到失主；有时候算错账多收了人家的钱，她火急火燎找到人家还钱；听起来像雷锋，可赚的钱不得了，在深圳，再牛气的摄影商，也得乖乖地去她那儿拿货。

据说有个砂石老板，没有文化，也绝对没有背景，但生意却出奇地好，而且历经多年，长盛不衰。说起来他的秘诀也很简单，就是与每个合作者分

第四章
舍弃计较之心，人生自有大境界

利的时候，他都只拿小头，把大头让给对方。如此一来，凡是与他合作过一次的人，都愿意与他继续合作，而且还会介绍一些朋友，再扩大到朋友的朋友，也都成了他的客户。人人都说他好，因为他只拿小头，但所有人的小头集中起来，就成了最大的大头，他才是真正的赢家。

这些事听起来有点像天方夜谭，一个半文盲妇女和没有文化的砂石老板在一个人精成堆的地方，竟然打败了众多的竞争对手。然而，稍加思索，就会觉得事出有因，甚至理所必然：赢在诚实，赢在信誉。"吃亏是福"并不是简单的阿Q精神，而是福祸相依、付出与得到的生活辨证法，是一种深刻的人生哲学。信奉"吃亏是福"，不仅可以使自己的心胸变得宽阔，更加乐观、积极，而且当自己遇到困难时，也能得到更多人的真心帮助。

在人际交往中，吃亏精神也很必要和宝贵。一般来讲，能吃亏让人、有吃亏精神的人多是忠厚朴实、讲信用、讲信誉的人，也是多能克己，能谅人，是宽宏大度的表现，这种人也常受到敬重与赞美。那些什么事情都不肯吃亏、总爱斤斤计较、沾光没完没够的人，却使人看不起，更不愿与其多来往、多共事，若与这样的人处事打交道，该是多么的没意思。

吃亏与让人是常连在一起的，怕吃亏就很难去让人，若一天到晚什么事都尖刻、怕吃亏，天长日久就会众叛亲离，孤家寡人，这不是别人吃不起亏，而是看不惯这种作风，对这种人，从感情与心理上就有了讨厌与反感，首先是从人品上疏远了，怎么能与之深交与共事呢？古人讲"吃亏是福"，实际就是告诫人们：对吃亏的事要看长点，想远点，路遥知马力，日久见人心，做人处事，还是忠实厚道为好。

著名的社会心理学家霍曼斯提出，人际交往在本质上是一个社会交换的过程。我们在交往中总是在交换着某些东西，或者是物质，或者是情感，或者是其他。正是交往的这种社会交换本质，要求我们在人际交往中必须注意，让别人觉得与我们的交往值得。无论怎样亲密的关系，都应该注意从物质、感情等各方面"投资",否则,原来亲密的关系也会转化为疏远的关系,使我们面临人际交往困难。

在我们积极"投资"的同时,还要注意不要急于获得回报。现实生活中,只问付出,不问回报的人只占少数,大多数人在付出而没有得到期望中的回报时,就会产生吃亏的感觉。心理学家提醒我们,不要害怕吃亏。郑板桥的"吃亏是福"的拓片为很多人所珍爱,然而真正领悟其中真意的,恐怕为数不多。实际上,许多人在交往中都是唯恐自己吃亏,甚至总期待占到一点便宜,然而"吃亏是福"确实有它的心理学依据。"吃亏"是一种明智的、积极的交往方式,在这种交往方式中,由"吃亏"所带来的"福",其价值远远超过了所吃的亏。这有两个原因:

一方面,人际交往中的吃亏会使自己觉得自己很大度、豪爽,有自我牺牲的精神,重感情,乐于助人等等,从而提高了自己的精神境界。同时,这种强化也有利于增加自信和自我接受。这些心理上的收获,不付出是得不到的。另一方面,天下没有白吃的亏。与我们交往的无非都是普通人,在人际交往中都遵循着相类似的原则。我们所给予对方的,会形成一种社会存储,而不会消失,一切终将以某种我们常常意想不到的方式回报我们。而且,这种吃亏还会赢得别人的尊重,反过来将增加我们的自尊与自信。显然,吃亏将带给我们的是一个美好的人际交往世界。而那些喜欢占便宜的人,每占了别人一分便宜,就丧失了一分人格的尊严,少了一份自信,长此以往,必将在人际交往中找不到立足之地。

不怕吃亏的同时,我们还应注意,不要过多的付出。过多的付出,对于对方来说是一笔无法偿还的债,会给对方带来巨大的心理压力,使人觉得很累,导致心理天平的失衡,这同样会损害已经建立起来的人际关系。

第五章
修养心性，选择简单的幸福

你总是说你累，为前程累，为事业累，为家庭累，为名车豪宅累……"累呀"，成了多少人的口头禅。可是，你有没有想过，可不可以不这么累呢？放下心中太多的牵绊吧，多花一点时间，扫除心中的垃圾；多花一点时间修养心性，你会发现，生活本来没有那么累，是你自己给自己设下了太多的"路障"。

铭鉴经典
主动选择　敢于放弃

01 选择宽容，
　　能换来甜蜜的结果

"洞房花烛夜，金榜题名时"是普通百姓认为最值得庆贺的日子。而深宫中的王侯们，却比百姓更多一些可庆贺的事。

这日，虽已黄昏，酒席犹自兴致正浓。

楚庄王站起身来，举起酒杯："各位功臣，今天本王万分高兴，大家不醉不散！来人哪，掌上灯来痛饮三百杯"！

文武群臣齐声响应。叛乱终于平息，大家都要好好痛饮一番，好好庆贺一番。

依偎在楚庄王身边的嫔妃们也纷纷离座，为功臣们斟酒助兴。

席间丝竹之声悠扬，舞姿翩然，美酒溢香，佳肴添色，觥筹交错，一派君臣欢宴图。

穿梭在群臣间敬酒助兴的嫔妃中，最引人注目的，当属庄王的美人许姬了。只见她眉秀如蛾，唇红如桃，齿白如玉，腰如柔柳，莺声燕语，我见犹怜。

第五章
修养心性，选择简单的幸福

忽然间，一阵疾风劲袭，厅堂之上蜡烛尽熄，霎时间酒席陷入一片漆黑之中，伸手难见五指。

突然一阵骚动，席间一位官员斗胆上前拉了一把许姬的手，许姬挣脱中，被扯断了衣袖，她在不经意间摘下了他的帽缨。

许姬怒气冲冲地回到庄王身边，流泪诉说了自己受辱的经过，并将帽缨交给庄王，让他为自己出气。

庄王装糊涂道："叫我怎样为你出气呢？"

许姬说："点燃蜡烛，发现少了帽缨的那个就处斩嘛！"

庄王听后，命许姬先回后宫，然后传命不要点燃蜡烛，并大声说："寡人今日设宴，誓与诸位尽欢而散。先请大家都除下帽缨，以便更加尽兴饮酒！"

庄王有命，一时间文武群臣都把帽缨取下来。这时蜡烛重燃，君臣直喝得尽兴而散。

酒席散尽，庄王回到后宫，许姬早已知道庄王不但未给她出气，还替那个胆大妄为之人开脱，非常生气。

庄王拥着许姬说："此次君臣欢宴，旨在狂欢尽兴，不但庆贺平乱胜利，还要融洽君臣关系。再说酒后失礼，也是人之常情，怎好深究？若真弄个水落石出，加以责罚，岂不大煞风景？"

许姬这才破涕为笑，明白了庄王的深意，这就是历史上有名的"绝缨宴"。

7年后，庄王亲自率兵攻打郑国，中途被郑军团团围住，情况万分危急。这时一员战将护住庄王，奋起神勇，拼命血战，救庄王安全脱险。

后来，庄王大败郑军，回国论功行赏，才知道这位救命勇将叫唐狡。

唐狡不受封赏，向庄王承认了7年前宴席上那个无礼之人正是自己。这次冒死相救权当报当年庄王不究之恩。

庄王大为感叹，便将许姬赐给了他。

楚庄王以宽容之心，原谅属下的过失，自然有人愿意为之卖命。可见，学会宽容别人，就是学会宽容自己，给别人一个改过的机会，就是给自己一个更广阔的空间！

在我们的一生中，常常因一件小事、一句不经意的话，使人不理解或不被信任。但不要苛求他人，以律人之心律己，以恕己之心恕人，这是宽容，正所谓"己所不欲，勿施于人。"而面对别人的小小的过失，给予包涵、谅解，这更能体现出做人的宽容。

宽容是一种修养，一种气度，一种品德。如果我们每个人都有宽容忍让的心态，那么这个社会肯定会变得更加美好，人与人之间的关系也将变得更加和谐。

有人认为宽容是软弱的表现，其实不然，宽容往往能折射出一个人处世的涵养和情操，宽容是人生难得的佳境，一种需要操练、需要修行才能达到的境界。

气愤和悲伤是心胸狭窄者的影子。生气的根源不外乎是异己的力量，人或事侵犯、伤害了自己的利益或自尊心等。难解的怒气在胸，就会有种不明的压力，使你的情绪不稳，心神不安，整天恍恍惚惚。

生气是拿别人的错误惩罚自己，而宽容是自我解放的一种方式，宽容能

第五章
修养心性，选择简单的幸福

让自己紧张的心放松。宽容地对待你的对手，在非原则的问题上，以大局为重，你会得到退一步海阔天空的喜悦，化干戈为玉帛的喜悦，人与人之间相互理解的喜悦。

哲人说，宽容和忍让，能换来甜蜜的结果。

人人都有自尊心和好胜心，在生活中，对一些非原则性的问题，我们为什么不显示出自己比他人有容人之雅量呢？

中国有句俗话叫"得饶人处且饶人"。在生活中，人与人之间难免会出现摩擦和冲突，每个人都有需要别人原谅的时候。不过很奇怪，每个人对待自己的过错，往往不像看他人的错误那样严重。大概是因为我们对自己犯错的各方面了解得很清楚，所以对于自己的过错就比较容易原谅，我们应该"以恕己之心恕人"，对于别人所犯的错误更应给予体谅。

做一个理解、容纳他人的优点和缺点的人，才会受到他人的欢迎，也会因此多一个知心的好朋友。有人说过这样一句话："谁若想在困厄时得到援助，就应在平时待人以宽。"也就是说，相容接纳、团结更多的人，在顺利的时候共奋斗，在困难的时候共患难，进而增加成功的力量，创造更多的成功机会。反之，相容度低，则会使人疏远，减少合作力量，人为地增加阻力。

宽容不仅能给他人带来快乐，也是你获取快乐的巨大源泉。宽容能够消除人为的紧张，包容人世间的喜怒哀乐。学会宽容，将会使你获益终生。

02 抛开烦恼，
活着本来很简单

　　某大公司的一位总裁，患了严重的神经衰弱症，整天吃不好，睡不安，烦恼无穷。看了很多医生却始终没有效果。一个偶然的机会，他听人介绍说有一位博士能治这种病。第二天一大早，这位总裁就风风火火地来到博士家，见到博士后，他正想向博士细说病情，电话铃突然响了，是医院有事找博士，博士很快处理好了。可是刚放下话筒，另一部电话又响了。博士只得又离席去接电话。不久，又有一位同事来向博士征询对某一位重病号的处置意见。博士只好把这位总裁晾在一边，长达20分钟之久。

　　一切处理好后，博士向这位总裁先生致歉。

　　这位总裁回答说："没关系，没关系！博士先生，看到你这20分钟处理事情的表现，我已经找到了烦恼的病根。回到公司后，我将立刻改变自己的工作习惯。对了，临走时可否让我看一下你的办公桌抽屉？"博士打开抽屉，里面只有一些纸之类的事务性用品，而且少得可怜！这位总裁疑惑地问："你未处理完的文件呢，未回的信件呢？"

第五章
修养心性，选择简单的幸福

博士说："全部办完了。"

几个星期后，这位总裁盛情邀请博士到他的公司参观。他的"病"已经完全好了，全身没有一点儿不适之感。他特意打开抽屉，对博士说："以前，我有两间办公室和三张办公桌，抽屉里堆满了未处理的文件。我每天拼命地应付一些工作，这个要做，那个也要做，一直弄得我无暇也无心处理它们，自从去了你那以后，我立即将那些旧文件或报告书全部清理了。现在，我只有一个办公桌，只要一来文件就立即处理，绝不拖延积压。所以，已全无因延滞工作而带来的紧张感和烦恼，我现在心情好了，病也自然没了。"

俄国大诗人普希金在他的诗中写道："假如生活欺骗了你，不要悲伤，不要心急，忧郁的日子里需要镇静，相信吧，快乐的日子将会来临。"生活是美好的，它对每个人都是平等的，我们能否得到这份美好的平等，关键在于如何把握生活，享受生活。不懂得生活的人总是认为自己的烦恼比别人多，整天抱怨这，抱怨那。但是烦恼只会衍生出更多的烦恼，抱怨不会让生活好转。与其牢骚满腹，不如走出阴影，乐观地面对生活，远离烦恼带来的痛苦。

烦恼是人们共同的敌人，是人们生活、工作和健康的杀手。烦恼的人无法高效地工作，也无法开心地生活，时间长了，会对人的身心造成巨大的伤害，中医很早就指出"忧者伤神"。烦恼同时对生活、工作、健康产生危害，而三者之间又相互作用，由此造成了一系列的恶性循环——浪费时间和精力、错失机会、决策失误，甚至造成更为严重的后果。

世界上没有比烦恼更能耗费人的精力、更能消磨人的意志、更能把人变得平庸无能的了。烦恼只会使事情变得更加糟糕，而无益于问题的解决。当人们将心头的烦恼吐露一空或抛到脑后时，往往能体验到解脱的快感。

其实，对于生活中的任何问题都不必烦恼，更不必为可能出现的问题而担心，我们最应该做的是乐观地面对生活，积极地应对生活中发生的每一件事情。

美国著名人际关系大师卡耐基曾在一艘轮船上举办了一场演讲会。当时他提到："内心有烦恼的人，不妨走到船尾去，把烦恼的事一一地说出来，然后把它们抛掷到汪洋大海中，注视它直到消逝不见。"谁都会有烦恼，有烦恼也不可怕，关键是你要学会摆脱它。

我们不是在为未来生活，也不是在为过去生活，我们是为了现在而生活，是为了轻松、自由、快乐和幸福而生活。因此，我们应将注意力集中在具有积极意义的事情上，努力地解决当前的问题，而不是将精力耗费在有害无益的烦恼上。

人的生命是有限的，我们应该好好珍惜它，而不是将这些宝贵的时光用来自寻烦恼，用乐观的心态去看待世界上的一切，用平静的心情待人接物，烦恼自会远离你。

03 选择一种
　　简单的幸福

你羡慕别人的生活比你快乐吗？你认为他的日子过得比你好吗？也许，你所看到的、所听到的只不过是他生活中的另一面。

下面这个小故事或许能让你从中感悟更多的生活真谛。

在河的两岸，分别住着一个和尚与一个农夫。

和尚每天看着农夫日出而作，日落而息，生活看起来非常充实，令他十分羡慕。而农夫也在对岸看见和尚每天无忧无虑地诵经、敲钟，生活十分轻松，他也非常向往这种生活。因此，他们的脑海中产生了一个共同的念头："真想到对岸去！换个新生活！"

有一天，他们碰巧见面了，两人商谈了一番，最后达成共识：互相交换身份。农夫变成了和尚，而和尚则变成了农夫。

当农夫来到和尚的生活环境后，这才发现，和尚的日子一点也不好过，那种敲钟、诵经的工作，看起来很悠闲，事实上却非常烦琐，每个步骤都不能遗漏。更重要的是，僧侣刻板单调的生活非常枯燥乏味，让他觉得无所适从。

于是，成为和尚的农夫，每天敲钟、诵经之余都坐在岸边，羡慕地看着在对岸快乐工作的其他农夫。

至于做了农夫的和尚，重返尘世后，痛苦比农夫还要多，面对俗世的烦忧、辛劳与困惑，让他怀念起当和尚的日子。

因而他也和农夫一样，每天坐在岸边，羡慕地看着对岸步履缓慢的其他和尚，并静静地聆听对岸传来的诵经声。

这时，在他们的心中，同时响起了另一个声音："回去吧！那里才是真正适合我们的生活！"

亚里士多德说："幸福意味着满足。"获得幸福其实不难，懂得珍惜就是捷径。珍惜是为人之道，无法知道它在人生中会起多大作用，但是，懂得珍惜的人才会获得真正的幸福。

第五章
修养心性，选择简单的幸福

面对生活中太多的诱惑、太多的需求，我们的欲望往往便无止境了。我们总是渴望着获取，渴望着占有，以为拥有的东西越多，自己就越富有和越幸福。终于有一天，渴望失去了光彩。这时候，一个人的思想、价值、动机都有一番巨大调整：它们开始呈现老态，意志消沉，渴望变成了痛苦，变成了悔恨，但此时为时已晚。

事实上，我们所拥有的并不是太少，而是欲望太多，我们每个人真正的价值，可以根据他轻视和重视的对象来衡量。据专家说，只有大约15%的幸福与收入、财产或其他财政因素有关，而近90%的幸福来自诸如生活态度、自我控制以及人际关系。

"一个人拥有多少钱才能感到幸福？一个年薪3万元与年薪30万元的人，对幸福有不同的感觉吗？除了金钱，还有什么能令你幸福？"

财富是生活稳定和美好的前提。可是当一个人过分迷恋于金钱的时候，金钱作为获取美好生活的手段就失去了其原意而变成了一种纯粹的目的。从这个意义上说，这样的生活已不再是一种乐趣，而是一种折磨，也无疑让自己成为了金钱的奴隶。

只有懂得珍惜、懂得满足的人，才会是真正懂得幸福的人，同时也会是收获幸福的人。小的时候，可能我们都不满意自己的生活环境，老是去羡慕别人。可是，当我们长大以后，就会发现那时候的自己已经是很幸福了。如果当时懂得珍惜，懂得满足，也许我们的童年会过得更加幸福，也就会有更多值得回忆的事情

幸福其实很简单，幸福其实一直都在，所有的若即若离都是因为我们的心情。"懂得珍惜才会有幸福"。如果没有一颗感恩的心，珍惜的心，那么永远也不会获得幸福。幸福就是一种感受，如果心里装满了仇恨、妒忌、猜疑、抱怨……还有什么能力去感受幸福，还有什么空间去留存幸福。珍惜是一种能量，一种让你找到幸福、并留住它的能量。

人们对自己已经得到的东西要感到满足，对没有得到的东西不要心存奢望，更不要为物质上的不满足而耿耿于怀，古人说，"知足常乐。"这是很有道理的。

我们总有太多的愿望，并为自己定下了太多的目标，所以我们总是把幸福放到未来，而逼迫自己付出当下的全部精力去为未来的幸福不停地努力。于是，有许多人生活在期望中，老是着眼于将来，完全失去了自己最有价值的东西——眼前的幸福。

只有失去的才是最宝贵的，这是每个人都懂得的道理。如果在还没有失去的时候，我们就懂得了珍惜，懂得了满足，那么我们一定会是那个收获到幸福的人。

04 节俭
　　而不是奢靡

据说，美国最大财团之一洛克菲勒财团的创始人洛克菲勒，曾有过一段有趣的故事。

洛克菲勒刚开始步入商界之时，经营步履维艰，他朝思暮想发财却苦于无方。一天晚上，他从报纸上看到一则出售发财秘诀书的广告，非常高兴。第二天急急忙忙到书店去买了一本，打开一看，只见书内仅印有"节俭"二字，他非常失望。

洛克菲勒回家后，几天都睡不好觉。他反复考虑该"秘诀书"的"秘"在哪里，起初，他认为书店和作者欺骗读者，一本书只有这么简单的两个字。后来，他越想越觉得此书中的"节俭"二字言之有理。确实，要致富发财，除了节俭以外，别无其他方法。这时，他才恍然大悟。此后，他将每天的零用钱加以节省储蓄，同时加倍努力工作，千方百计增加一些收入。这样坚持了5年，积存下800美元。然后他将这笔钱用于经营煤油，最终成为美国屈指可数的大富豪。

主动选择 敢于放弃

与洛克菲勒一样，美国连锁商店大富豪克里奇也非常节俭，他的商店遍及美国50个州的众多城市，他的资产数以亿计，但他午餐从来都是1美元左右。

还有美国克德石油公司老板波尔·克德也是一位节俭出名的大富豪。有一天他去参观狗展，在购票处看到一块牌子写着："5时以后入场半价收费。"克德一看表是4时40分，于是他在入口处等了20分钟后，才购半价票入场，节省下25美分。克德每年收入超亿美元，他之所以节省25美分，完全是受他节俭习惯和精神所支配，这也是他成为富豪的原因之一。

看了这些故事，你可能会反感地说："节俭早就已经过时了。"

的确，在奢靡之风渐盛的今天，节俭已不再被一些人视为美德。在一些富而骄、贵而奢的人眼里，家境富有者节俭，被讥笑为"守财奴"；家境清贫者节俭，被讥笑为"穷酸"。"古人以俭为美德，今人乃以俭相诟病。"世风如此，实在令人痛心。

节俭，是世上所有财富的真正起始点。大仲马曾精辟地论道："节约是穷人的财富，富人的智慧。"节俭不是为了存钱而存钱，而是努力做到物尽其用。节俭更不是像守财奴那样把所有的钱一分不花地全都存进银行里，而是学会理财，把可花可不花的钱用于投资。只有合理分配收支，你才会向成功一点点迈进。

机会只会提供给那些有节俭品质的人。因为节俭不但是一个人一生都用不完的财富，而且还是衡量一个人智慧高低和品行优劣的重要尺度。不具备节俭美德的人往往自私、功利、短视、爱慕虚荣。

节俭是一种美德，一种优良品质。浪费是一种极其恶劣的习惯，会腐蚀人的思想，损害人的品德，导致一个人放纵自我。任何一个伟大的人，都是懂得节俭的人；任何一个伟大的国家，都盛行节俭的文明习惯。节俭不仅适用于金钱，而且适用于时间、精力等。节俭应该是我们最基本的生活态度，是有效的生活保障措施。

第五章
修养心性，选择简单的幸福

蔡元培曾说："家人皆节俭，则一家齐；国人皆节俭，则国安。盖人人以节俭之故，而资产丰裕，则各安其堵，敬其业。自古国家以人民之节俭兴，而以其奢侈败者，何可胜数！"可见，节俭多么重要！

英国著名经济学家马歇尔教授通过调查得出结论："英国的工薪阶层每年要花费5亿英镑在一些无助于他们的生活更快乐、更高尚的事情上。"美国经济学家爱德华·埃特斯也表示：在美国，由于糟糕的厨艺造成的浪费每年在1亿美元以上。今天，人们对食物、饮用水、能源等的浪费已经达到了空前绝后的程度，如果每个人都能节省一点点，那么我们的生活将会更加富裕，我们生存的环境将会更加安全，而这有利于我们每一个人。

所以，我们每个人都应该养成节俭的美德，为我们的未来留下一笔财富，为我们的将来锻造一种良好的品格！

节俭的一个基本特征就是"花的比挣的少"。

从每月的收入中积累哪怕是很少的一部分，并养成了一种习惯，你就能为将来的富裕奠定基础。如果善于利用积累下来的资金去投资，让资本活动起来，你就会富裕得更快。富兰克林曾说："如果你能做到支出少于收入的话，那你就找到了旧时炼金术士梦想得到的能使金属变成黄金的点金石。"而对现在的很多年轻人来说，他们似乎永远也找不到这样的点金石。奢侈浪费、大手大脚、消费至上、享受第一已经成为许多人的生活方式。

美国富豪约翰·雅各布说他为第一个1000美元存款所付出的努力要比他获得第一笔10万美元的存款多得多。但如果没有当时的1000美元存款，那就不会有后来的10万、100万了，相反，可能还会陷入贫穷之中。"钢铁大王"安德鲁·卡内基曾说："一个人最先要做的事情就是攒钱。攒钱可以让人学会节俭，而节俭是人的所有行为习惯中最有价值的，它还能赋予人良好的品格。"

节俭是我们中华民族的传统美德，也是一个人道德高尚的具体表现。一个节俭的人，他不但使自己更加懂得珍惜劳动所得，而且能为他人节约。这样的人是最受欢迎的。

一位著名的成功者曾经这样说："如果一个人开始在钱财上节俭的话，那么他同时也在节省自己的时间和精力。同时也表明他对世界充满希望，他是明智的、有远见的，不会因为暂时的快乐而牺牲将来更多的收获，损害自己未来的幸福生活。"节俭的人是一个积极的人，他是不会懒散的，他有自己的做事原则，他的生活充实并且充满希望。

节俭是所有美德的基础。要想获得成功、获得财富，就要学会节俭，把钱花得有意义。选择过节俭的生活而不是奢靡和浪漫，从小的方面说可以使自己的财富不停的积累，大的方面说也是一种低碳环保的实践者。试想，如果把排油量大的私家车改为小排量汽车，不是既解决了交通问题，又节省了资源，保护了环境吗？

不要以为你家财万贯就可以随意铺张奢靡，选择过一种简单低碳的生活吧。

05 放弃虚名，
　　会活得更轻松

　　庄子认为，死生与天地共存，这是有联系的。名誉是一个人在生活中的价值得到公众的承认，是社会根据他的贡献馈赠给他的，不是你可以伸手要到的。所以做事情不能图虚名，不能摆花架子，要着重追求实效，这样才是真正的做事精神。

　　有些人获得了名誉之后，就不再发展自己的才能，也不再作出自己的贡献，这种名誉就和实际渐渐地不相符合了，也就成了虚名。

　　虚名会使人放弃努力，停滞在他已经取得的名誉上，不思进取，最后将一事无成。

　　古代有一个神童，小时候具有过目不忘的本领，吟诗作赋，被人称颂，成为一时的名人。可是成名之后，他沉醉在虚名之下，不再刻苦努力地学习，渐渐地长大成人之后，就和一般人一样了，他的那些天赋、才能也都离他而去了，一生无所作为。

　　图虚名者是不能获得成功的。自古以来就有许多人因好大喜功，最终身败名裂，然而也有许多道德高尚之人不图虚名，而名载史册。敢于直言的魏征不图虚名，办实事，出实效，从百姓的利益出发，因而得到了百姓的支持和理解。

隋朝建立之初，隋文帝制定的法律是比较宽平的。到隋炀帝时则使用严刑酷法强化统治，结果民不聊生，全国各地纷纷造反。

唐高祖李渊在位时重新修订法律，基本恢复了隋初的各种制度。唐太宗李世民特别注意吸取隋朝灭亡的历史教训，下令对法律再加修订，有些条文进一步改重为轻，原来规定判处绞刑的罪行，改为流放或服劳役；判处斩首的罪人，要由宰相和六部尚书讨论决定，须经过多次复奏才可执行，以免出现错杀冤案。"死者不可再生，用法务在宽简。"这是唐太宗规定的立法和执法原则。

唐太宗本人虽英武过人，但也是凡人，也有激动生气之时，因此，他要求他的臣子多多提醒他。

贞观初年，濮州刺史庞相寿因为贪污被人告发，受到追赃和解职处分。他因自己是秦王府旧人，就向唐太宗求情，希望能得到宽大处理。唐太宗派人传话说："你是朕的旧部下，贪污大概是因为窘迫，朕送你100匹绢，你继续当刺史，今后自己可要检点才好。"这显然是徇情枉法。魏征知道此事后，立即进谏批评道："庞相寿贪污违法，不加追究，还要加以厚赏，留任原职，就因为他是陛下的旧人。而他也并不以自己贪污为罪过。陛下为秦王时旧人众多，如果他们都如此贪赃枉法，就会使清廉的官员感到害怕，影响吏治的清明。"唐太宗看过奏章，便改正对庞相寿的宽纵处理。

曾在隋朝担任官职的郑仁基有个女儿，容貌漂亮又富有才学，长孙皇后奏请把她聘为后宫嫔妃，唐太宗同意后，下了册封的诏书。魏征知道郑家女儿已经许配了夫家，就进谏劝阻道："陛下身居楼阁之中，就应希望天下百姓有安身之屋；陛下吃着精美食物，就应希望百姓也饱食不饥；陛下看看左右嫔

第五章
修养心性，选择简单的幸福

妃，就应希望天下男女及时婚配。现在，郑家女儿已经和人订婚，陛下却要将她纳入宫中，这难道合乎为人父母的心意吗？"唐太宗一听，立即停止册封。但有大臣说，郑家小姐并未出嫁，而且诏书已下，不宜中止。和郑家姑娘订婚的陆爽也上表说：他和郑家并无婚约。唐太宗再次征求魏征的意见。魏征如实指出："这是陆爽心里害怕陛下，才违心上表的。"于是，唐太宗重又下了一道敕令："今闻郑家之女，先已受礼聘，前出文书之日，未详审事实。此乃朕的不是。"唐太宗果断地收回了册封诏书。

所谓伴君如伴虎，名相魏征若只是徒慕虚名，大可不必冒着生命危险进谏唐太宗，他只需为表面的太平盛世歌功颂德、锦上添花即可。可是魏征却以一贯的实在作风，遇事从不以自己利益出发，而是更多地为江山社稷着想，为百姓谋利。百代之后，青史仍留魏相之名，不能不令我们深思。

实实在在的生活，该做什么事就做什么事，不要为了虚名而活，也不要强求人家怎么看你，只要你作出了自己的贡献，只要你活得有价值，对别人有好处，自然会获得一定名誉。如果只图虚名，你会活得很累，活得失去了自己，所以，不要让虚名左右你的人生。

06 选择热忱，而不是冷漠

无论是在学习、工作中，还是生活中，热忱都是战胜所有困难的强大力量。它使你头脑保持清醒，使你全身所有的神经都处于兴奋状态，推动你实现心中的理想，并帮助你清除所有的障碍。

著名音乐家亨德尔小的时候，他的家人不准他去碰乐器，不让他去学习音乐，哪怕是学习一个音符，但这一切并没能降低他学习乐器的热忱，他在半夜里悄悄地跑到秘密的阁楼里去弹钢琴。

著名的奥地利作曲家莫扎特年幼时，成天要做大量的苦工，但是到了晚上他就偷偷地去教堂聆听管风琴的乐曲，把他的全部身心都融化在音乐之中。

小时候的巴赫只能在月光底下抄写学习的东西，连点一支蜡烛的要求也被蛮横地拒绝了。当那些手抄的资料被没收后，他依然没有灰心丧气。

皮鞭和责骂只是使儿童时代的奥利·布尔更充满热忱、更专注地投入到他的小提琴曲中去。

第五章
修养心性，选择简单的幸福

如果没有热忱，一切都索然无味，一切都平淡无奇，没有前进的动力，也就不可能有什么收获。没有热忱，军队就不能打胜仗，雕塑就不会栩栩如生，音乐就不会如此动人，人类就无法驾驭自然的力量，给人们留下深刻印象的雄伟建筑就不拔地而起，诗歌就不能打动人的心灵，这个世界上也就不会有慷慨无私的爱。热忱——正如查尔斯·贝尔经常说的那样——塑造了阿伽门农的形象，打开了希腊城邦底比斯坚固的大门；热忱使能印字的针安到滚轴上，发明了能进行批量印刷的印刷机；热忱使伽利略架起了望远镜，可以观赏到整个宇宙；热忱使哥伦布在一个微风吹拂的清晨到达巴哈马，收起了曾经在海上飒飒飘扬的船帆。

热忱使人们拔剑而出，为自由而战；热忱使大胆的樵夫举起斧头，开拓出人类文明的道路；热忱使弥尔顿和莎士比亚拿起笔，在树叶上记下了他们燃烧着的思想。

"伟大的创造，"博伊尔说，"离开了热忱是无法做出的。这也正是一切伟大事物激励人心之处。离开了热忱，任何人都算不了什么；而有了热忱，任何人都不可以小觑。"

热忱，是成功者获取成功的过程中最具有活力的因素。它融入了每一项发明、每一幅书画、每一尊雕塑、每一首伟大的诗、每一部让世人惊叹的小说或文章当中。它是一种精神的力量，只有在更高级的力量中它才会生发出来。它的本质就是一种积极向上的力量。

"这个词在古代希腊人那里，"德·斯塔尔夫人说，"就被赋予了神圣的含义。热忱，意味着'我们心中的神'。它是这样一种神的精神，鼓舞着每一个人，使他们忘记自我，把个人的安危置之度外，不顾一切嘲笑和反对，追求自己的理想。"

爱默生曾经说过："没有任何一件伟大的事情、任何一位伟大的人物不是因为热忱而成功的。"班扬本可以拥有他的自由。如果他可怜的盲人女儿不被人从他身边带走；如果他不用供养一个家庭；如果不是出于对自由的热爱；如果不是出于雄心壮志的鞭策，他怎么可能在公共场合做精彩而朴实的演讲呢？正是伟大的热忱使这位贫困的、未受教育的、遭人蔑视的修锅匠写下了不朽的、精彩绝伦的作品。

这正像温德尔·菲利普斯说的："热忱是生命的灵魂。"

07 善待别人，
　　就是为自己清除"路障"

　　中国有句古话：严于律己，宽以待人。在现在看来，这句话是对人际交往原则的经典概括。如果一个人能真正做到善待他人，他一定能游刃有余地驾驭自己的人际关系。

　　运动场上高尔夫球比赛激烈而扣人心弦。阿根廷著名高尔夫球手罗伯特·德·温森多终于摘得桂冠。领到那张高额奖励支票后，他微笑着冲出记者的重围，准备到停车场开车回俱乐部。

　　这时，一位年轻妇女急步向他走来，她首先向温森多表示祝贺，然后说自己有个孩子病得很重，高昂的医疗费使她一筹莫展，也许孩子很快就会死掉。

　　温森多这时双目含泪，二话不说，掏出那张刚得来的支票，飞快地签上自己的名字，塞到了这位妇女的手里。

　　"这是我这次比赛的奖金，愿可怜的孩子好运！"温森多在胸前划着十字，真诚地说。

　　几天后，温森多正在一家乡村俱乐部吃午餐。一位高尔夫球职业联合会的官员走到他身边，问他是不是在一周前遇到一位自称孩子病得很重的年轻妇女。

"您是怎么知道的？"

"停车场的孩子们告诉我的。"官员说。

温森多点头承认的确有这事，"这有什么不对吗？"

"哦，有一个坏消息，"官员说道，"那个女人是个骗子，她根本就没有什么病得很重的孩子。她甚至还没有结婚！温森多，你让人给骗了，我亲爱的。"

"什么？你是说根本就没有一个小孩病得快死了吗？"

"是这样的，根本就没有这样一个孩子！"官员确定无疑地回答。

"太好了！"温森多长吁了一口气，"这是我这一个星期听到的最好的消息。"

洪应明在《菜根谭》中说过这样一句话："处世让一步为高，退步即进步的根本；待人宽一分是福，利人是利己的根基。"温森多的宽厚为怀，使他的人格更加高尚。

良好的人际关系是一种资本。所有的人都需要有一双有力的臂膀的帮扶，才好走完人生的路程。法国哲学家蒙田说："友谊的臂膀长得足以从世界的这一头伸到另一头。"良好的人际关系，就是这样的臂膀。

生活中确实没有必要咄咄逼人，金无足赤，人无完人，每个人都不可能完美无缺。我们的眼睛不应只去挑剔，而是应该多看到别人的优点和长处，这样你才会觉得别人很美，很值得自己与之相处。

善待他人，就是在为自己一点点地清除前进中的路障。

第六章
换个思路，成败都是人生财富

"人生之路始于念，成败得失在乎心。"观念决定人的命运，思路决定人的出路。生活中，很多人有着相同的目标，相同的梦想，但结果却有着天壤之别，这归根结底是因为人的思路不同。试着换个思路，换个角度看人生，也许会是另一番景色。

铭鉴经典

主动选择　敢于放弃

01 生活中需要
　　学会换个角度

俗话说："人生处世如行路，常有山水阻身前。"生活中，困难挫折常常与我们不期而遇。如果没有精神准备，就会被搞得晕头转向，意志消沉，甚至悲观绝望。

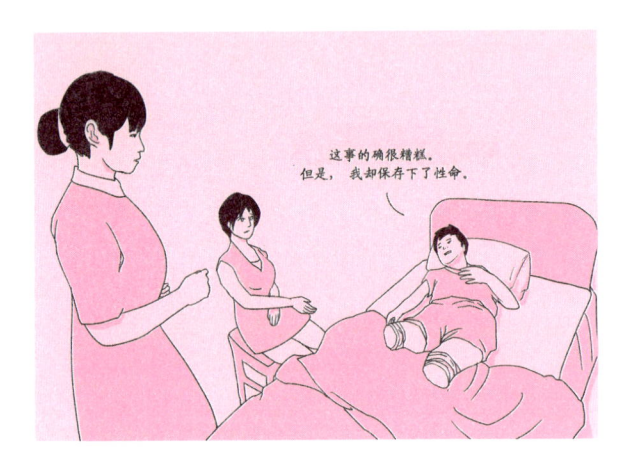

有时绝望孕育着希望；失去意味着收获。当你面对生活中的不如意时，不要放弃，不要以为迎接自己的就是失去，要拿出自己的平常心，也许换个角

第六章
换个思路，成败都是人生财富

度，就跨越了得与失的界限。

有一个人在一次车祸中不幸失去双腿，他的亲朋好友都来慰问，表示了极大的同情。而他却回答道："这事的确很糟糕。但是，我却保存下了性命，并且我可以通过这件事认识到，原来活着是一件多么美好的事情，而以前我却从未这样清醒地认识过。现在，你们看，我不是一样顺畅地呼吸，一样欣赏天边的云朵和路边的野花。我失去的只是双腿，却得到了比以前更加珍贵的生命。"

当痛苦向你袭来时，换个角度就是快乐，你会从容坦然地面对生活，并寻找出痛苦的教训及战胜痛苦的方法，勇敢地面对这多难的人生。

当遇到不顺心的事情，换个角度就是开心，吃了亏的人可以说"吃亏是福"；丢了东西的人可以说"破财免灾"；逃过一劫的人可以说"大难不死，必有后福"；受欺负的人可以说"不是不报，时候未到"；卸任的官员可以说"无官一身轻"；生不逢时的人可以说"比你先前阔多了"；没钱人的太太可以说"男人有钱就变坏"；惧内的丈夫可以说"有人管着好，啥事都不用操心"；丈夫不下厨，妻子可以说"整天围着锅台转的男人没出息"；被老板炒了鱿鱼的人可以说："我把老板炒了……"

如果不如意的事情发生，换个角度就变成了好事，我们以乐观、豁达、体谅的心态看问题，就会看到事物美好的一面。同样的一件事情，过去给自己带来的是烦恼、苦闷，而现在带给自己的则是积极向上的动力。

换个角度看人生，是一种突破、一种超越、一种高层次的淡泊宁静，可以获得自由自在的乐趣。换一个角度看世界，世界无限宽大；换一个立场对待人事，人事无不简单。

世上万物，生命最为宝贵，人生的乐趣存在于奋斗和创造中，存在于不断克服困难前进的过程中，它使人产生自豪感、成就感和荣誉感。活着需要睿智，需要洒脱。生活中也许到处都有障碍，同时也到处都是通途，让我们不断超越自我、挑战自我。

铭鉴经典
主动选择　敢于放弃

02 付出总会
　　得到回报

在人生的道路上，人们一定会遇到许多为难的事情，这时在前进的路途上，自己付出一些，搬开别人脚下的绊脚石，有时恰恰是在为自己铺路。

从前有个国王，非常疼爱他的儿子，总是想方设法满足儿子的一切要求。可即使这样，他的儿子仍旧整天眉头紧锁，面带愁容。于是国王便悬赏找寻能给儿子带来快乐的能士。

有一天，一位魔术师来到王宫，对国王说有办法让王子快乐。国王很高兴地对他说："如果你能让王子快乐，我可以答应你的一切要求。"

魔术师把王子带入一间密室中，用一种白色的东西在一张纸上写了些什么交给王子，让王子走入一间暗室，然后燃起蜡烛，注视着纸上的一切变化，快乐的处方会在纸上显现出来。

王子遵照魔术师的吩咐去做，当他燃起蜡烛后，在烛光的映照下，他看见纸上那白色的字迹化作美丽的绿色字体："每天为别人做一件善事！"王子按照这一处方，每天做一件好事，当他看见别人微笑着向他道谢时，他开心极

第六章
换个思路，成败都是人生财富

了。很快，他就成了全国最快乐的人。

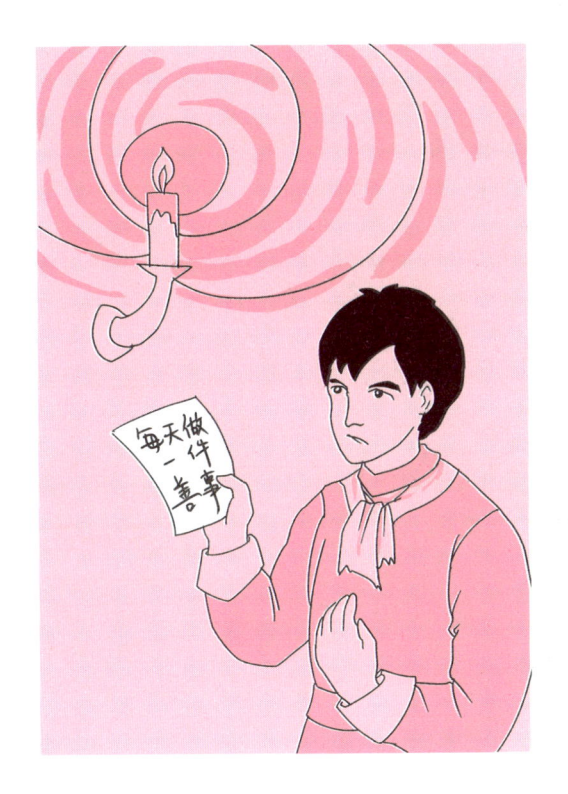

可见，只要你付出，就可以得到回报，而且你给予的越多，得到的越多。当你付出的时候，会感受到别人的快乐，因而会有满足感。在付出的过程中你会体验到以前从没感受到的心灵宁静和满足。如果你没有付出过，你认为自己会无缘无故地得到回报吗？

两个天使外出旅行，晚上借宿在一户富裕的人家里。可是这家人对他们极为不友好，只把他们安排在阴冷潮湿的地下室的一个小角落。临睡觉时，较老的天使发现墙上有个洞，就随手把它修补好了。年轻的天使问他为什么这么做，老天使回答说："有些事情并不像它表面看上去那样。"

第二天晚上，两个天使又借宿在一户贫穷的农家里。农夫和他的妻子非常热情，拿出家里仅有的一点食物热情地招待天使们，然后又让他们睡在自己的床上，让他们度过了一个舒适的夜晚。第二天一早，两个天使看到农夫和他的妻子在哭泣——他们唯一的奶牛死在田地里了，那是他们的唯一生活来源。年轻的天使非常气愤，他质问老天使为什么会发生这样的事，第一个家庭拥有一切，老天使还帮他们补墙洞，第二个家庭尽管贫穷却热情款待他们，而老天使并没让他们的奶牛免于死亡。

"有些事并不像表面看上去那样。"老天使答道，"当我们在地下室过夜时，我注意到破了的墙洞里满是金块。因为主人贪婪，不愿把他的财富拿出与人分享，我把墙洞补上，他就找不到了。"

"昨天晚上在我们睡着的时候，死亡之神来召唤农夫的妻子，我让奶牛替她死去。所以付出什么，就会得到什么；付出多少，就会得到多少。"

有些时候事情的表面并不是它实际的样子。只要你坚定信念，任何付出总会得到回报。也许，直到后来你才会发现……

03 不要对自己的
缺点心存畏惧

　　克劳兹是美国一家企业的总裁，他奋斗了8年让企业的资产由200万美元发展到5亿美元。2005年他在华盛顿领取了本年度国家蓝色企业奖章。这是美国商会为奖励那些战胜逆境的十大企业而颁发的，那年只颁发了6枚奖章。

　　克劳兹可以算是一个成功的企业家了，可他的心中却有一个难言之隐，并在他心里埋藏了多年。白天克劳兹应接不暇地处理对外事务，几乎没有时间去阅读邮件和文件。很多文件都是由公司的管理人员去处理，未处理完的留到晚上，由他的妻子莱丝帮助他处理。其实，并非是克劳兹真的忙而无暇处理，主要是因为他无法阅读。

　　克劳兹的痛苦源于童年。当时他在内华达的一个小矿区里上小学。"老师叫我笨蛋，因为我阅读困难。"他说。克劳兹是整个学校里最安静的小孩，总是默默地坐在教室的最后一排。他天生有阅读障碍，再加上老师的责骂，使他的学习变得异常艰难。1963年，他从高中勉强毕业，当时他的成绩主要是C、D和F（A是最高等级）。

主动选择　敢于放弃

高中毕业后，克劳兹搬到了雷诺市，用2000美元的本金开了一家小机械商店。经过不懈的努力，1997年他已经成功开了5个分店，资产超过了1亿美元。今天他的企业已经成为所在行业的佼佼者，公司每年至少有1500万美元的利润。

但"无法阅读"始终是克劳兹的一个心病，他害怕受到那些大学毕业的首席执行官们的嘲笑和轻视。但是，当这些人知道克劳兹的这个缺点后，给他的是更多的支持和鼓励。"这使我更加佩服他获得的成功，这加深了我对他的敬意。"约斯特说。更让他意外的是，当克劳兹告诉他的雇员他不会阅读的时候，雇员们更加尊重他了。克劳兹说："自从我下决心让每个人都知道这件事以来，我心里轻松了许多。"

从那以后，克劳兹聘请了一名家庭教师为他做阅读辅导。克劳兹经常阅读管理方面的书。他在所有不认识的单词下面画线，然后去查字典，虽然读得很慢，但他却一直坚持。他希望有一天他能像他妻子那样可以迅速地读完办公桌上所有的文件和信函。更重要的是，他希望他的故事能鼓励其他正在学习阅读的人。

"有缺点没有什么可畏惧的，然而，如果明知自己有缺点却不做任何改进，那就变成一种耻辱了。"自己不去正视缺点，它将永远是缺点。克服它、战胜它的过程也是优点凸显的过程。

曾有一个挑水夫，他有两个大水罐，分别吊在肩上的扁担的两头。其中一个水罐上有处裂缝，而另一个则完好无缺。完整的水罐从汲水的小溪到主人家那条漫长的路上总能保持满满一罐水，而带裂缝的那个水罐到家时就只剩半罐水了。每天都这样重复着，一直持续了整整两年的时间。当然，那个完整的水罐对此十分骄傲，因为它无愧于自己肩负的使命。而带裂缝的水罐为自己身上的这个瑕疵而感到羞愧，并且为只能完成一半的任务而遗憾。过去的两年，它一直觉得自己很失败。于是有一天，当挑水夫在溪边挑水时，带裂缝的水罐

第六章
换个思路，成败都是人生财富

就对他说："我感到很惭愧，为此我向你道歉。"挑水夫便问："为什么？你为什么感到惭愧呢？"带裂缝的水罐答道："过去两年来，我一直只能盛半罐水，因为在你把水挑回主人家的路上，只因我身上的裂缝而把水洒了一半。你一直干这些活，由于我的不足，你的努力不能得到全部的回报。"

挑水夫很同情这只水罐，心生怜悯地对它说："在回主人家的路上时，我希望你注意沿途那些美丽的花朵。"

在返回的途中，这只带裂缝的水罐注意到路旁的那些野花在太阳的照耀下显得格外美丽，这让它感到一丝欣慰。但走到路的尽头时，它还是觉得不太好，因为它又漏了一半的水，所以又向挑水夫表示歉意。

挑水夫对这只水罐说："你注意到了吗？只有你这一边的路边开满了野花，而另一只水罐的那一边却没有。这是因为我已经知道了你的缺陷，但我很好地利用了它。我在你这一侧的路边撒下了花种，这样，每天我从溪边返回的时候，你便可以浇灌这些花了。这样两年来我才可以把这些花放在主人桌上做装饰。没有你一路的浇灌，主人家不可能装饰得那么漂亮。"

我们每个人都有各自的缺点，正像那只有裂缝的水罐一样。不要对自己的缺点心存畏惧。只要正视自己的缺点，缺点同样可以造就美好的东西。认识自己的不足之后，我们就能发现力量。

第六章
换个思路，成败都是人生财富

04 会比较
　　才会有幸福

"比上不足，比下有余"，真是一句妙语。由于比上不足，会激发你奋发图强、努力上进；由于比下有余，会让你产生安详和谐、自得其乐的心情。但反过来看，就会产生不同的效果：比上不足可能使人怨天尤人，自暴自弃；比下有余可能使人故步自封，甚至骄矜自满。

行为经济学家说，我们越来越富，但使人并不觉得幸福的部分原因是，我们总是拿自己与那些物质条件更好的人相比。

快乐是需要比较的，它没有止境，没有标准，只是看你如何去认识它，如何去解释它。

每一个人都有厌倦、烦闷和不满足的时候，这时，你可以把自己设想到一个更没希望、更辛苦、更困难的境地。因为无论我们是不是认为自己已经够苦，总还有那些比我们活得更辛苦、更没有意义甚至于看来更没有希望的人们，但他们却在那样艰苦的环境下充满希望并坚强地活着。如果他们有一天能达到我们现在所过的生活，他们一定会觉得心满意足，不再会有任何奢望苛求了。

有一个失意的年轻人，对生活失去了信心，他走进一片原始森林，准备在那里了却残生。

失意人发现一只猴子正在目不转睛地看着他，便招手让猴子过来。

"先生，有什么事？"猴子有礼貌地打着招呼。

"求求你，找块石头把我砸死吧！"失意人央求猴子。

"为什么？您难道不想活了？"猴子瞪着眼睛问。

"我真是太不幸了……"失意人话一出口，泪水便止不住地流了下来。

"能跟我谈谈吗？"猴子善解人意地说。

"跟你谈有什么用……高考时我差了一分，没有考上清华大学……呜……"失意人已经泪流满面了。

"你们人类不是还有别的大学吗？你是不是找不到异性？"猴子觉得上什么大学无所谓，有没有异性可是个原则问题。

"呜……"失意人又哭了起来，"有十几个美女追求我，最后我只得到其中一个不太漂亮的……"

"天啊，太不公平了！"猴子也为失意人打抱不平，"不过，您毕竟还

第六章
换个思路，成败都是人生财富

选择到了一个。工作上有什么不顺心吗？"

"工作10多年，才评上一个副教授。你说说，这书教得还有什么意思？"失意人转悲为愤，怒气冲冲地说。

"薪水够用吗？"这只猴子看来懂得真不少。

"够用什么！每个月除了吃、穿、用，只剩下800多块钱，什么事也干不了！"失意人满腹牢骚。

"您真的不想活啦？"猴子紧紧盯着失意人的双眼，严肃地问。

"不想活了！你还等什么，快去找石头！"失意人不想再跟猴子啰嗦了。

猴子犹豫了一下，终于抓起来一块石头。就在它即将砸向失意人脑袋的时候，突然问失意人："先生，比起我来，您真是幸福。其实，我比您痛苦多了。这样吧，把您的地址告诉我，我去顶替您算了。"

失意人忙说："那可不行！说真的，比起你来，我真是幸福的。"

猴子问："那你现在还想死吗？"

失意人摇了摇头。

人的一生不可能一帆风顺，事事尽如人意，即使是比尔·盖茨，也不例外。凡事应往好的方面想，要学会比较——比上不足，比下有余。经常这样想，我们就会感觉到自己幸福许多。

列夫·托尔斯泰说："大多数人都想改变这个世界，却极少有人想改造自己。"

《道德经·三十三章》中说："知人者智，自知者明，胜人者有力，自胜者强，知足者富，强行者有志；不失其所者久，死而不亡者寿。"一个人无论拥有多少财富，权势多高，如果不知满足，就永远生活在争权夺利之中，永远处于奔波忙碌之中。

"人心不足蛇吞象"，它形象地表明了人的欲望永远不知满足的丑态。要想真正享受人生的乐趣，基本信条就是"知足常足，知止常止"。

铭鉴经典
主动选择 敢于放弃

人生活的根本目的是什么？归根到底是为了"快乐"二字。成功的事业、富足的家产、自我实现……都是为了自己能够快乐、幸福。其实，快乐是可以追求到的，尽管人的欲望无穷，只要能知足，便能常乐。

西方其实也有这样一种凡事皆不可过贪的思想。希腊神话中的伊卡罗斯借装在身上的蜡翼飞得很高，但是在接近太阳时，炽热的阳光烤化了翅膀，他也因此坠海而死。而他的父亲却飞得很低，最后安全抵家。一个人往往会随年龄的变化而使自己的思想更为成熟，同时也会更多地减少人生中的错误。

人生中有很多失败的例子都是由不知足所造成的。由于人太贪婪了，欲望太强了，而其自身的能力又有限，这样必然导致自己应有的下场。《老子》中说："知足之足，常足矣。"大则忧国忧民，小则忧家忧己，往往都是忧多于喜，要说服别人或说服自己就要这样想。人往高处走，水往低处流，谁都想生活、工作条件好些，精神安逸些，但未必都能如愿。在各种理想、愿望，甚至连小小的打算都未能成为现实的时候，你就要学会承认和接受现实，并且不消极、不失望，想想那些不如自己的人，你就会找到心理平衡。

每个人都应该拥有自我，去安静地生活，干自己该干的事情，做自己喜欢的工作，与那些不如你的人比，你的幸福感会增加许多。这样，你会生活得更充实，过得更快乐。

第六章
换个思路，成败都是人生财富

05 人生不需太完美

追求完美是人之常情。但是，我们应该明白，世上没有绝对的完美。人生总会或多或少的有一些遗憾。我们身边的每一个人、每一件事都不可能完美无缺。过分地追求完美，容不得有半点的不足和缺憾，就会让我们失去自由闲适的心境，也不会有随遇而安的潇洒。

追求完美会让人焦虑、沮丧和压抑。事情刚开始，他们由于担心失败，生怕干得不够漂亮而辗转不安，因而不能全身心地投入。一旦结果失败，他们就会异常灰心，并尽快从失败的境遇中逃避。因此，他们不会从失败中吸取、总结任何经验教训。很显然，背负着如此沉重的精神包袱，不要说在事业上谋求成功，在心理上、家庭问题、人际关系等方面，也不可能取得满意的成就。

龟兔赛跑的故事大家都知道，乌龟取得了最终的胜利。可是有一天，兔子又来找它，要求重新进行一场比赛，乌龟答应了。于是在一个阳光明媚的早上，乌龟和兔子又开始了第二次比赛。结果兔子这回一口气跑到了终点，乌龟则用了很长时间才爬到终点，它很沮丧，苦苦地寻找自己失败的原因。整个晚

铭鉴经典
主动选择　敢于放弃

上，它在海滩上爬来爬去地思索答案。当太阳升起的时候，它终于想明白了。于是兴冲冲地跑回家去对妈妈说："我之所以会输给兔子，是因为我背上背着这个沉重的壳，怎么可能跑得动呢？而且这个壳子还这么难看！只要脱掉这个龟壳，我就一定能跑赢兔子！"妈妈对它说："孩子，你这样的想法是不对的。我其实一直不赞成你和兔子比赛，因为我们跑得慢是一个事实，而跑步恰恰是兔子的强项，我们永远也赢不了兔子。可是我们也有优点呀，我们既可以在水里生活，也能在地上行走，这一点兔子是做不到的。背上的这个壳虽然不好看，却可以保护我们不受敌人的攻击，其实我们根本不需要跑那么快。"可是乌龟根本听不进去妈妈的话，执意要脱掉自己的龟壳去和兔子再赛一场。但它的龟壳自出生时就牢牢地长在背上，要脱去谈何容易。可乌龟不甘心就此放弃，每天都在大石头上磨，任凭妈妈怎么劝都不听。终于，一个月以后，它的

第六章
换个思路，成败都是人生财富

龟壳被完全磨掉了。于是龟兔赛跑第三次开始了，由于在这一个月中乌龟耗费了大量的体力，它仍然被兔子甩在后面。更不幸的是，在跑下坡的时候，它被一块石头绊了一跤，结果一路摔滚下来，摔得遍体鳞伤，再也爬不起来了。

如果像乌龟一样抱着这种不切实际的苛求完美的态度对待生活和工作，便永远无法使自己感到满足，你会每天都陷入焦灼不安之中。追求完美，害怕失败，只能使你处于瘫痪的境地。

人生不需要太完美，每个人都不可能是完美无瑕的。懂得了每个生命都有缺失的道理，你就不会再对自己苛求完美，就能为自己所取得的成功感到满足。仔细审视一下自己，你会发现自己虽不能把一切做得很完美，但你已尽了自己最大的努力，而缺失的那一部分，只要你勇敢地接受它且善待它，你的人生会快乐许多。

"金无足赤，人无完人"，我们都应该认识到自己的不完美。全世界最出色的足球选手，10次传球，也有4次失误；最出色的篮球选手，投篮的命中率，也只有五成；最棒的股票投资专家，买5种股票也有马失前蹄的时候。既然连最优秀的人做自己最擅长的事都不能尽善尽美，作为普通人的我们，失误肯定更多。

一个绝对的完美主义者的生活会丧失内在的安宁。因为完美的需求将与内在安宁的渴望相互冲突、相互矛盾。当我们坚持己见时，不但无法改善任何事情，而且注定要打一场失败的战争。我们不但不懂得珍惜已经取得的成就，还拼命钻牛角尖找差错，执意要修正它。当我们瞄准差错时，它就暗示了我们不满意，不满足。

一旦我们把焦点放在不完美上，我们就脱离了优雅与平和的目标。这个策略并非教你不要全力以赴，只是教你不要过度地专注生活上的差错。虽然还有更好的方式可以完成某件事，但这并不妨碍你去享受并欣赏事情的现状。

更没有必要为了一件事未做到尽善尽美的程度而自怨自艾。盲目地追求一个虚幻的境界只能是劳而无功。我们不妨问一问："我们真的能做到完美无缺吗？"既然不能，那就彻底打消这样的念头。

其实完美本身也是一种缺憾。太完美的人生会让人觉得空虚，一切事物都失去了本质的意义，任何事的结果都是成功，没有幻想与追求的空间。没有努力与希望的追求，不懂得渴望什么，就失去了一份残缺的美。一段人生经历中，有了残缺，才会使你更多地感受到人生的美。

第六章
换个思路，成败都是人生财富

06 关掉身后的门，
重新开始人生

人是社会型生物，过的是群体生活。在这样的生活中有两种人：一种是活得潇潇洒洒，另一种是把自己的人生搞得一团糟。出现两种截然不同结果的原因就是，后者把心灵加上了沉重的枷锁，他们一直生活在过去的失败的阴影中。

英国首相劳合·乔治有一个习惯——随手关上身后的门。有一天，乔治和朋友在院子里散步，他们每经过一扇门，乔治总是随手把门关上。"你有必要把这些门都关上吗？"朋友很纳闷。

"哦，当然有必要。"乔治微笑着对朋友说，"我这一生都在关我身后的门。你知道，这是必须做的事。当你关门的时候，也将过去的一切留在后面。不管是美好的成就，还是让人懊恼的失误。然后，你才可以重新开始。"

关掉身后的门，一个非常简单的动作，但它却关掉了昨天的风雨所带来的泥土和霉气，以及前天的成功所滋生的自满和陶醉。当我们关上了通往过去的门，我们才能把握现在，看清未来，重新开始新的人生。

主动选择 敢于放弃

> 你有必要把这些门都关上吗?

然而生活中大部分人和企业都不具备关掉身后的门的勇气和智慧。他们总对过去的失误耿耿于怀,他们深陷痛苦之中,不愿逃离出来,在"不敢"或"不舍"中将自己陷入困局。他们天真地以为把自己扔进悲伤里惩罚自己,就可以挽回失误。但这永远都不可能,即便你在忧伤中殒命,你也无法把碰洒的牛奶收起来。对失败懊悔不已除了损伤你的自信心、蹉跎宝贵的时光以外,毫无意义。我们只需要在昨天的失误中吸取教训,然后把它抛开,不需要没完没了地纠缠其中。

对于成功也是一样,有些人和企业在刚取得一点点成功之后就忘乎所以、陶醉其中了,这非常不利于个人和企业的发展。因为除了失败会阻止我们前进的脚步以外,成功更会使我们止步不前。多想想自己曾经取得的成功,固然有利于增强我们的自信心,但更可能导致我们的自满情绪和骄傲心理。有相当多的人和企业正是因为陶醉于过去的成功,而忘了面对现实,忘了去观察内外部环境的变化,最后跌入失败的泥潭。所以门的那一边即便是美好的成就,也要有关门的勇气,只有这样你才能走向更大的成功。

我们随时都可以重新开拓自己的人生。昨天失败了,不要紧,总结失败的教训,关上身后的门,忘了它,朝着新的方向继续努力才是最重要的。即便昨天是成功的,今天依旧要重新开始,在成功的基础上继续努力,争取更辉煌的进步。

当代大提琴演奏大师帕波罗·卡萨尔斯在他93岁生日时说:"我在每一天里重新诞生,每一天都是我新生命的开始。"把身后的门关上,这样我们才能迎接自己的新生。

07 换一个角度，换一片天地

当我们遇到一件事情无法解决的时候，怎么办？这时候就得换一个角度，换个方法去做事。

人们听说有位大师花费几十年练就了移山大法，于是有人找到这位大师，央求他当众表演一下。大师在一座山的对面坐了一会儿，就起身跑到山的另一面，然后说表演完了。众人大惑不解。大师微微一笑，说道："事实上，这世上根本就没有什么移山大法，唯一能够移动山的方法就是：山不过来，我就过去。"

有时候，人只要稍微改变一下思路，人生的前景、工作的效率就会大为改观。

当人们遇到挫折的时候，往往会这样鼓励自己："坚持就是胜利，"而这有时也会让我们陷入一种误区：一意孤行，不撞南墙不回头。其实，有时候我们需要的不是朝着既定方向执著努力，而是需要换条路走走；不是对规则的遵循，而是对思维的突破。这其中的道理，也许从下面这个故事中你能

第六章
换个思路，成败都是人生财富

体会得到。

有一对兄妹带着一船烧得极其精美的陶瓷罐子，去一个大城市的高档市场上卖。一路辛苦，眼看船快要靠岸的时候，遇上了大风暴。一场惊涛骇浪之后，两个人筋疲力尽，命是保住了。但是，几百只瓷罐一只完整的都没有了，全部都成了碎片。

哥哥坐在船头号啕大哭，痛心地说："我们所有的心血都白费了。这些破罐子可怎么卖？我们就是修修补补、粘粘贴贴，也卖不出去了啊。"

就在哥哥大哭的时候，妹妹上岸了。她并没有自暴自弃，她希望可以想出其他解决的办法。妹妹来到了最近的集市，发现这个大城市人们的审美艺术的眼光都很高，不管是咖啡馆、商场，还是家庭，都特别重视装修。这时，一个念头闪过她的脑中，她高兴地从集市上买了一把斧子拎了回来，叮叮当当地把破罐子砸得更碎。哥哥非常恼火，问，"你干什么呢？"妹妹笑着说："我们改卖马赛克了。"

兄妹俩把所有的碎片卖到装修材料点。因为罐子本身设计特别精美，所以打成碎片以后特别有艺术感。不规则的漂亮碎片很受城里人的喜欢。结果这些碎片竟然让兄妹俩赚了一大笔钱。

这个故事说明了什么？说明了变通的重要性。当完整的陶瓷罐子不复存在的时候，我们就换个方式去卖。这种转换就是思路的转换，但是，有时候，思路的转换实在是一种智慧。而这种智慧并不是和学历、经验成正比的。

在这个世界上，没有什么是绝对的对或错，对于一件事，一定要看时机，一定要看主体，一定要有前提，学会换个思路、换个角度，变通一下，总会有新的方向和市场。一条路走到黑只会是头破血流。

第六章
换个思路，成败都是人生财富

08 谁都不可能
　　　一无是处

一个人如果不能够正确认识自己，那么快乐也就不会靠近你。这样的例子在生活中随处可见。在垂头丧气时，不敢相信自己拥有的优点和取得的成就。有些人因为偶尔的消极情绪而认为自己是无可救药的抑郁症患者，于是一蹶不振；有些人甚至因为他人对自己的不认可而自暴自弃，实在令人惋惜。法国文豪大仲马在成名前，穷困潦倒。有一次，他跑到巴黎去拜访他父亲的一位朋友，请他帮忙找个工作。

他父亲的朋友问他："你能做什么？"

"没有什么了不起的本事，老伯。"

"数学精通吗？"

"不行。"

"你懂得物理吗？或者历史？"

"什么都不知道。老伯。"

"会计呢？法律如何？"

铭鉴经典
主动选择 敢于放弃

大仲马满脸通红，第一次知道自己什么都不行，便说："我真惭愧。现在我一定要努力补救我的这些不足。我相信不久之后，我一定会给老伯一个满意的答复。"

他父亲的朋友对他说："可是，你要生活啊！将你的住处留在这张纸上吧。"大仲马无可奈何地写下了他的住址。他父亲的朋友叫道："你终究有一样长处，你的名字写得很好呀！"

可见，大仲马在成名前，也曾认为自己一无是处。然而，他父亲的朋友，却发现了他的一个看似并不是什么优点的优点——能把名字写得很好。

把名字写得好，也许你对此不屑一顾：这算什么！然而，不管这个优点有多么"小"，但它毕竟是个优点。你便以此为基地，扩大这个优点范围。名字能写好，说明字写得好；字能写好，文章为什么就不能写好？

第六章
换个思路，成败都是人生财富

尼采说："聪明的人只要能认识自己，便什么也不会失去。"我们每一个人，特别是不自信的人，切不可把优点的标准定得太高，而对自身的优点视而不见。你不要死盯着自己学习不好、没钱、相貌不佳等消极的一面，你应看到自己身体好、会唱歌、字写得好等未被外人和自己发现或承认的优点。

在这个世界上，每个人都潜藏着独特的天赋，这种天赋就像金矿一样埋藏在我们平淡无奇的生命中。那些总在羡慕别人而认为自己一无是处的人，是永远挖掘不到自身的金矿的。虽然，生活赋予我们每个人的并不是完全相同的阳光雨露，但上天是无私的，天生我材必有用，发掘自身的"金矿"，就能谱写出属于自己的华美乐章。

铭鉴经典
主动选择　敢于放弃

09 没有怀才不遇，
   只有不思进取

你可能很有才干，却始终没有施展的机会，这时候千万要记住：即使你觉得自己怀才不遇，也不能明显地表现出来，因为你一旦表现出来，别人就可能轻视你。

怀才不遇有时并不是他人造成的，而是自身的原因。如果你没有遇到你的伯乐，可能是因为你没才！

如今，怀才不遇几乎成了很多年轻人的一种通病，其症状是：满腹牢骚，喜欢批评他人，有时还会显出一副抑郁不得志的样子。一旦境况不佳，就说自己怀才不遇，把责任推给"伯乐"，自己一点责任也没有，难道自己真的没有责任吗？

当然，这类人中有的的确是怀才不遇，由于客观环境无法与之适应，"虎落平阳被犬欺，龙困浅滩遭虾戏"，为了生活，他们不得不委屈自己，所以生活得十分痛苦。

但生活中并不是所有的人都怀才不遇，尽管有时出现千里马无缘遇伯

第六章
换个思路，成败都是人生财富

乐。但如果你真是一匹千里马，一次错过伯乐，应该还有第二次、第三次……很多人之所以无缘于伯乐，大部分是自己造成的。他们常自视清高，看不起那些能力和学历比自己低的人，如此导致别人看不惯你的傲气，就会想办法排挤你。至于你的上司，因为你的才干本来就会威胁到他的生存，再加上你不适度收敛自己，生怕别人不知道你的才干，那他怎会不打压你呢？在人性丛林中，人与人之间的斗争几乎都是如此，最后的结局就是，你慢慢变成了一位怀才不遇者。

还有另外一种怀才不遇者，其实就是一类自我膨胀的庸才，他们本身没有什么能力可言，也就没有人重用他们。但他们并没有认识到自己没用，反倒认为自己怀才不遇，没人识才，于是到处发牢骚，吐苦水。

不管是真有才还是假有才，怀才不遇者真是人见人怕，一听其谈话，他就会骂人，开口就是批评同事、主管、老板，然后吹嘘自己有多能，听者也只好点头称是。

最后的结果就是，怀才不遇感越强的人，越会把自己孤立在一个越来越小的圈子里，最终无法与其他人的圈子相交。每个人都怕惹麻烦而不敢跟这种人打交道，人人视之为怪物，敬而远之！一个人如果给众人的不良印象已成定局，那么他很难有出头之日。

我们难道想就这样一辈子怀才不遇下去？下面几点不妨参考一下：

1. 请别人来客观地评价自己。

每个人都应该具有自我评价的能力。如果你觉得自己的评价不太客观，可以找朋友或者同事帮助你一起分析，如果别人的评价比自我评价的结果低，那你就要虚心接受。因为有些时候，旁人可能对我们了解得更加准确深刻。

2. 检查一下自己的能力为何无法施展。

你的能力无法施展，是一时找不到合适的机会，还是受大环境的限制，还是人为的阻碍？如果是机会的原因，那就等机会到来时牢牢抓住。如果是大环境的缘故，那就选择适合自己发展的环境。如果是人为因素导致你无法施展自己的能力，比如你得罪过他人，可主动与其诚恳沟通，改善自己的人际关系。

3.亮出自己的其他专长。

有时候，怀才不遇者是因为用错了专长，他们确实有才，但用得不对，或者不是时候。如果你有第二专长，可以要求他人给你机会试试，很可能为你开辟出一条新路。

4.营造更加和谐的人际关系。

与同事融洽相处，并主动帮助有困难的同事，为自己建立一个良好的人际关系网。但要记住，帮助别人时不要居功，否则会适得其反。此外，谦虚客气，广结善缘，这将为你带来意想不到的便利。

5.继续强化你的才干。

如果你的才气还未被人发现，不要灰心，继续强化自己这方面的能力，只有在你的能力和展示的时机都已成熟时，你才会闪烁出耀眼的光芒！别人当然会重视你。

不管怎样，你最好不要成为一位"怀才不遇"者，勤恳地做好自己的事，即使是大材小用，也比没用要好。从小处开始，总有一天你能得到大用！

第六章
换个思路，成败都是人生财富

10 一点小事，不必较真

《劝忍百箴》中说：顾全大局的人，不拘泥于区区小节；要做大事的人，不追究一些细碎小事；观赏大玉圭的人，不细考察它的小疵；得巨材的人，不为其上的蠹蛀而怏怏不乐。无论是用人还是做事，都应注重主流，不要因为一点小事而妨碍了事业的发展。

著名教育家戴尔非常善于处理人际关系。然而早年时，他也曾犯过错误。他曾回忆说：有一天晚上我去参加一个宴会，宴会中，坐在我右边的一位先生讲了一段幽默故事，并引用了一句话，意思是"谋事在人，成事在天"，并提到，他所引用的那句话出自《圣经》。毫无疑问，他说错了。为了表现优越感，我很讨嫌地纠正他。他立刻反唇相讥："什么？出自莎士比亚？不可能！绝对不可能！"那位先生一时下不来台，不禁有些恼怒。

当时我的老朋友法兰克坐在我身边。他研究莎士比亚的著作已有多年，于是我就向他求证。法兰克在桌下踢了我一脚，然后说："戴尔，你错了，这位先生是对的，这句话是出自《圣经》。"

铭鉴经典
主动选择　敢于放弃

那晚回家的路上，我对法兰克说："法兰克，你明明知道这句话出自莎士比亚。"

> 戴尔，你错了，这位先生是对的，这句话是出自《圣经》。

"是的，当然。"他回答，"可是，亲爱的戴尔，我们是宴会上的客人，为什么要指证他错了？那样会使他喜欢你吗？他并没有征求你的意见，为什么不保留他的脸面？"

其实，一些无关紧要的小错误，放过去，无伤大局，完全没有必要去纠正。这样不但能保全对方的面子，维持正常的谈话气氛，还可能使你有意外的收获，在所有人的心目中建立起良好的印象。做人不能太较真，认死理。太较真，就会对什么都看不惯，连一个朋友都容不下，把自己同社会隔绝开。

真诚并不等于不假思索地将自己的感觉说出来，因为你的感觉是否正确尚是一个需要判断的问题，人们对事物的看法都属于仁者见仁智者见智。所以，一些小事不必那么较真，这样会把自己的生活弄得混乱不堪。

做人要有心计，要能容人所不能容，忍人所不能忍。团结大多数人，豁达而不拘小节，大处着眼，要宽恕待人，用人之长，这样才能成大事、立大业，使自己成为不平凡的人。

第六章
换个思路，成败都是人生财富

11 换种方式思考

一个人能飞多高，并非由人的其他因素，而是由他自己的思维所制约。人来到这个世界，会面临许多未知的困难，要想生存，要想在人生的道路上有所成就，就要战胜环境，为生存取得立足之地。生活中会遇到种种难题，当这些难题暂时不能克服时，我们可以改变思维，换种方式思考，或许难题就会迎刃而解。

有些东西只有在失去时，我们才会知道其真正的价值。同样的，有些东西在得到之前，我们也没有意识到生活中缺少了它们。

将全部的爱付出，并不一定全部得到回报。不要期待爱的回报，换种方式想一下，爱会在你所爱的人的心里生根发芽，茁壮成长。即使不会那样，也同样要感到满足，相信爱会在自己的心里成长。迷恋一个人只需要一分钟，喜欢一个人需要一个小时，爱上一个人需要一天，而要忘记一个人则需要一生的时间。

愚公移山的故事大家都知道。这个故事告诉我们，无论什么困难的事情，只要有恒心，有毅力，就有可能成功。的确，恒心毅力很重要，但这并不意味着要蛮干。其实，搬山是件很难的事。要想不被大山挡住路，搬家不是更容易吗？所以，换种方式思考，便可轻松绕过障碍，成功地到达终点。

同样，要想与拥有不同观点和不同想法的人建立良好的关系，进行有效沟通，也要经常与他人做换位思考。当你懂得换位思考的艺术，懂得站在对方的角度和立场考虑问题时，就会惊喜地发现：事情往往不是大多数人想的那样，而你要寻找的答案却正好在这里！

有位年轻人要去一个陌生的大城市经营餐饮业。在那里，他一没背景，二没关系，因此亲戚朋友们都认为不可行，劝他趁早放弃，但他毫不动摇。

年轻人的饭店很快开张了，不仅请了名师主厨，还打出了一块醒目的牌子："20元内足以让你在本店吃饱、喝足，并享受到美味特色佳肴。凡光临本店的顾客，平均每人消费不得超过20元，违者受罚。"这样的店规是史无前例的，也因此吸引了前来吃饭的人。

这家饭店开张后生意便出奇的好，每天顾客爆满。很快，年轻人便开始扩大规模，两年后，便占领了市餐饮连锁行业的半壁江山。

这个年轻人成功的秘诀是什么？其实他运用的就是"换位思考"。他的想法并不是怎样从顾客那里赚更多的钱，而是站在顾客的角度去思考，哪个顾客不希望吃得好而且花得少呢！于是，他针对这一简单但极其重要的食客心理，设计了上面的经营策略。结果，大获成功！

有时候，为了解决难题，我们需要换种方式思考。当大家都从正面思考时，我们从反面入手；当大家都往东，我们就往西；当大家都想上去时，我们选择下来。不要让自己的思想僵化，换种方式思考，也许成功会不请自来。

第六章
换个思路，成败都是人生财富

12 失败都带着
   成功的种子

你害怕失败吗？若真的失败了，你在压力下面是拼搏进取呢，还是意志消沉？是把它看成是绊脚石，还是把它看成是垫脚石？

人们常说：失败乃成功之母，而成功乃失败之父。也就是说，所有的失败都带着成功的种子，所有的成功也带着失败的种子。因此，当你成功时，要警觉失败可能随时到来；当你失败时，也不要因此而灰心丧气，失去斗志，因

铭鉴经典
主动选择 敢于放弃

为成功的种子正埋在失败的"土地"中等待萌芽的良机。

没有埋在黑暗土地里的过程，任何种子都不会发芽；没有挫折和失败的经历，我们的心志也很难茁壮成长。

其实，失败是生活必然会有的组成部分，由矛盾构成的生活自然是真实和美好的。如果一个人能把失败看做是生活的一部分，能接受不可改变的事实，就可以把他所受到的伤害降到最低程度，就可以通过失败走向成功。

就人的一生来说，是好坏运气更替、循环的。一般来说，人既不可能总是有好运，也不可能永远都是坏运。

古罗马的一个将军被埃及人打败了，逃回了罗马。皇帝不但没有处死他，反而再次给他一支大军，让他继续出征。朝中的大臣纷纷表示反对，认为不能信任他。

皇帝问："为什么不能信任他？"

"因为他失败过。"

"这正是我相信他的原因。"皇帝说。

不久，捷报从前方传来。

所以说，失败未必是一件坏事，它可以让你吸取教训，以至于再遇到同样的问题时不犯同样的错误；可以让你掌握本领，从而以最快的速度取得更多的成功，所以，我们要说失败都带着成功的种子。

敢于面对成功的，不一定是英雄，但敢于面对失败的，必定是一个勇者。但是面对失败，需要有非凡的勇气。只有面对失败，才能找到失败的原因，吸取上次失败的教训，努力走向成功。总之，一个敢于面对失败的人，其实已经向成功走了一大半的路。

不论什么时候，发生什么事情，你都要记住：失败与成功往往交替出现。成功到来时，固然要把握它；失败来临时，也要立即采取行动，将它的影响降低到最小，同时，要努力摆脱它所带来的阴影，让生命开始新的征程。

第七章
先予后取，成就财富人生

古人云："将欲取之，必先予之。"这句话道出了付出的真谛。你要想"取"，就要先"予"。有时自己多付出一些，恰恰是在为自己铺路。所以说，一个人只有先付出，才能得到自己想要的。

铭鉴经典
主动选择　敢于放弃

01 先舍后得的
　　生意经

生活中，我们要追求、要得到的东西有很多，与此同时，我们也要舍弃一些东西。为人处世，鱼和熊掌可以兼得的时候几乎是没有的，所以，你在得到一样东西的同时必然会舍去一些东西。

舍得是对立统一的，没有舍无所谓得，没有得也无所谓舍。因此，要想得到什么，首先要舍去一些东西。

日本头号富翁武井保雄就是舍得哲学的最好事例。这位当过米贩、弹子房店员、国铁职工的武井，通过多年放款的"高利贷"生涯，已创造了"武富士"这个日本最大的"高利贷王国"。在1983年大藏省发出消费者金融的通知后，他们更成了合法美名的"消费者金融事业"。他舍得铺天盖地般在日本各车站送"武富士"广告手巾纸、舍得铺天盖地般在高楼大厦顶上打出灯红酒绿式的霓虹灯广告牌、舍得开办1288个营业店铺而遍布日本列岛、舍得大量买卖股票并且其家族持有日益上涨的武富士会社1/3以上的股票……因此在美国《福布斯》杂志公布的全球富翁排行榜上，武井保雄以9360亿日元

第七章
先予后取，成就财富人生

的身价获得全球第三十位、日本第一位的宝座。

还有一位日本的裱画工人，他兢兢业业干了40多年，却一直没娶老婆，原因是舍不得花钱，问他是否去过海外旅行，他说怕坐飞机掉下来，舍不得命。着实令人惊叹，这真是不舍不得的典型。看来敢来日本的留学生都有舍得性命坐飞机的一面，也是懂得舍命来求发财哲学的人。

在中国，以自强不息、厚德载物著称的福建人更是舍得的典范。他们舍得汗水力气，吃苦耐劳，不管老板是否在场，大干苦干，赢得美誉。舍得花重金打通出国渠道，甚至舍得性命乘坐集装箱船漂洋过海，到海外去追求自己的理想：金钱梦、自由梦、发达梦。舍得的发财哲学，正是为什么中国的亿万富豪多出产在广东、福建的重要原因之一。

一位成功商人曾说过这样一句话："不必在意别人是否喜欢你，公平待你,不要奢望每个人都会等待你。"所以,为了自己的理想,该舍就舍吧。其实,百年的人生,也不过是一舍一得的重复,只有真正理解了舍与得,你才会拥有一个成功而幸福的人生。

第七章　先予后取，成就财富人生

02 要想取之，必先予之

日常生活中，我们经常会看到一些商家在开业典礼或节假日大搞促销、让利、打折、返券等各种优惠活动，这些招数其实是在招揽顾客，用先"给予"的方式回报顾客，拉动消费，从而更多地获取利润。而这些活动，往往也总是能让顾客盈门，让商家达到目的。

精明的生意人从不会在第一笔生意上赚取客户的钱财，而是巧用鱼饵，通过各种方式来吸引客户，引导消费，刺激消费。因为，他们深深懂得"要想取之，必先予之"的道理，以小赚大，以少聚多。在任何经商场合，只要你能舍小利，就能收获大笔财富。这个道理已经被无数人用亲身经历证明了。

杭州城被朝廷从太平军手中夺回来之后，左宗棠把战后的处理工作交给了胡雪岩。正在他忙于善后的时候，杭州城里来了一位洋人，并且指名道姓要见胡雪岩。胡雪岩有些吃惊，不知道是谁，找他何事。迎出来一看，原来是驻扎在宁波的法军军官让内。收复杭州城，他领导的"常捷军"功不可没。

那个时候，胡雪岩受左宗棠之托，负责跟洋人联系，想从他们那里弄到开花炮。因为杭州城的城墙非常坚固，而且很高，如果硬冲，是白白浪费人力和生命。因为胡雪岩在宁波有钱庄的分店，和那里的洋人有一定的交情，于是，这个重任便落在了他的肩上。

胡雪岩接到委托之后，辗转来到宁波，找到法国军官让内。只要中国出钱，洋人一定会答应，况且胡雪岩跟他说，杭州城里的太平军这时早已成了惊弓之鸟，只需借助洋枪洋炮，吓唬吓唬他们，太平军就会很快瓦解。于是让内领头，带着一支由来自不同国家的两百来人组成的洋枪队，号称"常捷军"，直奔杭州城下。果然不出胡雪岩所料，这支洋枪队没费多大力气，更没有任何伤亡，只耗费了十几箱子弹和炸药，就顺利地帮助清政府把杭州城拿下了。让内一回到宁波，胡雪岩就让钱庄给他支付了全部佣金。挣钱如此容易，让内非常高兴。

然而，"天有不测风云，人有旦夕福祸"。没过多久，宁波闹起了瘟

第七章
先予后取，成就财富人生

疫，让内也没有躲过这场灾难，一连几天，高烧不退，连床都下不了。因为收复杭州有功，胡雪岩曾经跟他说过，只要让内在中国待一天，在宁波的钱庄就会尽力帮助他。宁波钱庄的总管听说让内感染了瘟疫，就带上"诸葛行军散"等非常有效的药去探望他，让内才吃了一天，居然就能下床走动了。

到了第二天中午，让内神采奕奕地跑到钱庄，问总管送给他的是什么神药，总管告诉他这药是胡雪岩家祖传的。让内恳请总管再给他一些，他好拿回去给他的同胞。总管打开抽屉，让内高兴得不得了，把店里所存的药全部拿走了。洋人服了药，个个都摆脱了病痛的折磨，于是他们派让内为代表，到杭州来，向胡雪岩再多要一些这种散丸药。

外国人看中了自己药店的药，胡雪岩当然非常高兴，就实惠地送给了他两大箱。让内非要给钱，被他拒绝了。让内很不理解，追问胡雪岩，你不收钱岂不是赔本？

胡雪岩只是笑了笑，没有直接回答。其实，在胡雪岩的心中有一个更远的想法，他要利用让内为他的药店——胡庆馀堂做一个活广告，所以不收他的钱。如果他们那些人用着好，自然会有更多的人来买他的药，到那时，得到的利润就远不止这两箱药钱了。

果然，让内回去一宣传，再加上用药人的相互转告，一传十、十传百、百传千，胡庆馀堂还没正式挂牌营业，就已经是窗户边上吹喇叭——名声在外了。

有一次，胡雪岩刚到上海，便有洋人来找他，说在宁波服过胡庆馀堂的药，药效奇佳，现在他要随船回国，希望胡雪岩再卖给他一批，他还留下定金，说下次再来中国，还要采购。这简直就是小小的付出，换来了大大的收获，胡雪岩喜笑颜开。

这就是胡雪岩先"予"后"取"的一个典型事例。然而，他这样的事例远远不止这一件。

在给药店做"广告"的时候，胡雪岩不光利用洋人，更是没有忘记自己的国人。

晚清时期，每年盛夏，都有一批举人上京赶考。胡雪岩考虑到盛夏时节，考生们的住宿与餐饮都是个问题，由于卫生条件差，很容易引起痢疾等流行病，以往每年经常出现这样的问题。于是，胡雪岩决定无偿赠送给每位考生两枚药丸，不够还可以到胡庆馀堂北京分号去领。在第一次送药的时候就把地址写得清清楚楚，药房号更是显眼易记（有点像今天的名片）。

果然，有胡雪岩的"神药"相助，流行病比往年大大减少。等这些学子赶考完，回到家乡，每逢遇到类似的疾病，他们都会向病人推荐胡庆馀堂的药。渐渐地，胡庆馀堂药店就闻名全国了，与北京历史悠久的"同仁堂"相媲美，甚至有"北有同仁堂，南有庆馀堂"之称。

胡雪岩送药给洋人和学子的举措，就是在利用洋人和学子们为自己的药店打广告，跟现在商场里搞的促销、派送活动有异曲同工之妙。

可见，作为一个商人，胡雪岩深深懂得"要想取之，必先予之"的奥妙，要想得到更多，就要先付出一些。胡雪岩的这种先"予"后"取"，可以说有一石三鸟之效。第一，为自己争得了仗义疏财、慷慨大方的好名声；第二，利用洋人和学子为自己做了大规模的"活"广告，建立了品牌效应，确立了自己在药品界的地位；第三，又进一步为自己打通了与洋人之间的商业交往之路。这样的收获与付出相比，付出的数量也就是九牛一毛了。

付出才有回报，你付出的越多，回报的也越多。为了得到自己需要的东西，我们首先要做的就是付出。比如，如果你想得到金钱，就应该先给予别人金钱；你要想得到别人的帮助，就必须先去帮助别人；你要想得到别人的爱，就必须先爱别人。

"要想取之，必先予之"不是一种高深的境界，而是一种平常做事的方式、方法，如果真正参透了做事的道理，明白了"取"和"予"的关系，也就不难做到了，做到就能得到。

03 损小利
　　得大利

在做生意时，当消费者对你的产品感到陌生，并不接受，这时不妨损失一些小利，无偿为他们提供产品试用或免费赠送，当他们接受时，再去占领这个市场，不失为一个好的策略。

在八九十年前，香烟在中国还是个新鲜的东西。那时候，中国人都习惯于吸旱烟和水烟。就在这个时候，上海突然出现了一种奇怪的烟，虽然它和水烟、旱烟一样吸，不过不是用铜的水烟袋或竹的烟杆吸，而是用白纸将烟丝卷成细长的小棒，这就是现在的香烟。

在帝国主义列强强迫清政府签订了《大开通商口岸》的不平等条约后，一些头戴高帽子、肩上背着纸盒子、手里拿着西洋广告牌的洋人，不时在上海的交通要道、茶园、酒肆、戏院等公共场所出现。他们走到人多的地方，便伸手从背着的纸盒里掏出一只小盒子拆开，抽出一支支雪白的长棒，往人的嘴里送。当人们觉得惊奇不肯接受时，他们便自己衔上一支，点上火，吸给人们看。一股股的白烟从他们的嘴边消散，他们呵呵地笑着，操着蹩脚的中国话喊："好东西，香烟！送给你们的……"随着叫声他们又抓起小盒子往人堆里抛。

> 好东西，香烟！送给你们的。

这些送香烟的洋人是美国烟草公司和英国烟草公司派到中国来的推销员。他们刚踏进中国领土的时候，很想把他们从国外带来的香烟卖给中国人，可是当时的中国人不熟悉这种烟，也不接受这种烟。于是，他们就想到了这个"吃小亏占大便宜"的办法，先来个"免费赠送"。过了一段时间，他们见中国人渐渐地学会了吸香烟，就开始在市场上大量推销。到20世纪初，他们在上海浦东陆家嘴办了烟厂，并合伙开设起英美烟草公司，最后达到垄断香烟市场的目的。

所以，当你的新产品要打开某一市场时，重要的是要获得消费者的认同，改变他们的某些消费观念，无偿为他们提供产品试用或大胆赠送，不失为

第七章
先予后取，成就财富人生

一个较好的策略，虽然会损失一点利益，但你得到的将是一个巨大的市场，带来更大的利润。

在很多人眼中，吃亏是蠢人的行为、愚笨的表现。其实很多时候，这样的想法都是错误的，一些"亏"只不过是事情的表象，只是暂时而已。

我们总觉得那些把别人不愿意干的苦活、累活、枯燥乏味的活揽到自己手里的同事吃了大亏，可最后他们往往都比我们更先升职加薪。

一些企业总觉得进入那些利润不大的市场是划不来的，但有些企业专门做这些吃亏的生意，结果却赢得了商机。

很多人认为，要想成功，就要够精明、够智慧、够强硬，就要"好汉不吃眼前亏"。好像在任何事情上的妥协——哪怕是为了获得更大的利益——都是往自己脸上抹黑，都有损自己的形象，阻碍自己奔向成功。

其实不然，有位哲人说过："吃亏就是占便宜，所以情愿选择吃亏一些。"人人都有趋利的本性，自己吃点亏，让别人得利，就能最大限度调动别人的积极性，使自己广结良缘。凡事都愿意吃点亏来帮助他人、奉献社会的人，在日后肯定会得到同样的回报。

可见，吃亏是一种智慧。损小利是为了得大益，所以这种"亏"不妨多吃。

04 故意吃亏不是亏

生活中，有时故意吃一些小亏，反而能捡到很大的便宜。

东汉时期，有一个名叫甄宇的在朝官吏，时任太学博士。他为人忠厚，遇事谦让。

有一次，皇上把一群外番进贡的活羊赐给了在朝的官吏，要他们每人得一只。

在分配活羊时，负责分羊的官吏犯了愁：这群羊大小不一，肥瘦不均，怎么分群臣才没有异议呢？

这时，大臣们纷纷献计献策：

有人说："把羊全部杀掉吧，然后肥瘦搭配，人均一份。"

也有人说："干脆抓阄分羊，好不好全凭运气。"

就在大家七嘴八舌争论不休时，甄宇站出来了，他说："分羊不是很简单吗？依我看，大家随便牵一只羊走不就可以了吗？"说着，他就牵了一只最瘦小的羊走了。

第七章
先予后取，成就财富人生

看到甄宇这样做，其他的大臣也不好意思专牵最肥壮的羊，于是，大家都捡最小的羊牵，很快，羊都被领走了，每个人都没有怨言。

后来，这事传到了光武帝耳中，甄宇因此得了"瘦羊博士"美誉，称颂朝野。

不久，在群臣的推举下，甄宇又被朝廷提拔为太学博士院院长。

从表面上看，甄宇牵走了小羊吃了亏，但是，他却得到了群臣的拥戴，皇上的器重。实际上，甄宇是得了大便宜。故意吃亏不是亏，而是有着深谋远虑的精明之举。吃小亏，占大便宜，古今亦然。

"吃亏是福"并不是阿Q的精神，而是福祸相依、付出与得到的人生哲学，无论是为人、处世，还是做生意，吃点亏、肯吃亏不失为一种精明。

有一位温州籍商人刘老板，他在陕西铜川开了一家机电设备公司。

有一次，一个老客户来买电器配件，遗憾的是，刘老板找遍了公司的库存，就是没有这个配件。但是，这位客户着急得很，因为拿不到这个配件，他所在的企业就面临停工，而停工一天的损失将达5万多元。

看到客户如此着急，刘老板一边安慰，一边承诺一定在一天之内把货找到。

客户刚走，刘老板便亲自出马打的直奔西安供货方。谁知，西安也没货了。没办法，他只好连夜乘飞机回杭州，然后再叫车赶往温州老家。

到家已经是清晨四五点了。刘老板不顾饥饿与疲劳，又在温州联系相关的生产厂家，结果，在连续联系了十几个厂家后，终于找到了这个电器配件。

拿到电器配件后，刘老板火速打车直奔温州机场，连下车看望一下父母的时间都没有。

当他把货交到客户手中时，客户感动得无法言语。

在许多人看来，这次生意对于刘老板来说，是一桩赔本的生意。因为一个配件才300元，利润也就10元，刘老板却付出了3000多元的交通费。

当然，从表面上来看，刘老板的确吃亏了，但是，他却得到了客户的信任。第二天，客户所在的企业就敲锣打鼓地送来大匾，还带上当地媒体来采访刘老板，宣传他这种一心为客户着想的事迹。就这样，刘老板吃亏待客户的消息在业内广泛流传，他的生意自然是越来越红火，得到的财富自然比区区几千元的损失要多得多。

华人首富李嘉诚说："有时看似是一件很吃亏的事，往往会变成非常有利的事。"所以吃亏就是福。

商业俗语说："钓鱼需长线，有赔也有赚"。对于生意场上的得失，一定要站得高，看得远，千万不要"只见锥刀末，不见凿头方"，只顾一时的利益，从而失去长远的利益。

"一个人心胸有多大，他做成的事业就有多大。"凡那些取得了巨大成就者，无一不是胸怀广、肯吃亏的人。相反，那些一事无成、庸庸碌碌的人，多半是心胸狭窄、斤斤计较、不肯吃亏的人。这也足以证明了吃亏是福。

事实上，如果你能够以平常心对待吃亏，表现自己的肚量，往往能够获得他人的青睐，获得经商所需要的人脉资源，从而获得商业上的成功。

第七章
先予后取，成就财富人生

世界上没有白吃的亏，有付出必然有回报，生活中有许多类似刘老板的事情。如果过于斤斤计较，往往得不到他人的支持。只有放开肚量，从长远的角度思考问题，那么吃亏实际上就是一种商业投入，所以说，吃亏肯定不是坏事，故意吃亏不是亏。

05 舍小利趋大利，
　　放长线钓大鱼

生活中一些看起来很坏的事情，可能会带来意想不到的好处。有些看似失利的事反而是获得更大利益的前提和资本。生活中变通思考的人，善于从丧失小利当中学到智慧，舍小利趋大利是一种哲学的思路。

所以，要想成就一番大事业，就不能做"近视眼"，而要舍得舍弃一些"小利"，奔着"大利"而努力，要懂得放长线钓大鱼的道理。

胡雪岩就是一个非常懂得"舍小利趋大利，放长线钓大鱼"的商人，也正因为有这样的认识和亲身经验，他才能总结出这个颠扑不破、看起来容易做起来却很难的道理。

胡雪岩把"舍"字成功地运用到其经商活动中。他的"舍"，不是漫无目的、没有原则的"舍"，而是带着更深一层的含义。他总是能通过自己的"小舍"赢得别人不能得到的"大利"。

胡雪岩自立门户创业的第一步是设立"阜康"钱庄。尽管钱庄有朝廷官员王有龄的背后支持，以及各同行的友情"赞助"，但是，如何才能在广大储

第七章
先予后取，成就财富人生

户中打开局面，增加自己吸纳资金的数量，这是首要解决的问题。这时，胡雪岩就采用了"舍小利趋大利，放长线钓大鱼"的妙计。

阜康钱庄开业那一天，中午摆设宴席款待各方来宾之后，客人们相继离去，忙了一天的胡雪岩这才静下心来考虑接下来要做的事情。

他认为，做生意第一步最重要，要么图名，要么图利，只有走准了第一步，以后的生意才会水到渠成，不断做大。胡雪岩低头沉思了一会儿，决定了他做钱庄生意的第一步——闯出个名头，要让人感觉到在他的钱庄存钱不仅安全性高，而且有利可图。如果能做出名气，即使目前舍弃一点自己的小利，也是非常值得的，以后肯定能财源滚滚。

但是怎样才能把自己的名气打响呢？

忽然，胡雪岩脑子里灵光一闪，他立刻叫来了总管刘庆生，吩咐他：马上开十六个存折，每个存折里存入二十两银子，一共是三百二十两，都挂在他的账上。刘庆生见胡雪岩刚一开业就迫不及待地要开这么多存折，非常疑惑，但又不好问，既然东家吩咐了，就只好照办。

等刘庆生替胡雪岩把十六个存折的手续全部办好，送过来之后，胡雪岩才详细说出了其中的奥妙。原来，这些存折都是给抚台和藩台的家眷们开的户头,并替他们垫付了底金,再把折子送上家门,以后往来自然就容易多了。

"太太、小姐们的私房钱,当然不太多,算不上什么生意,"胡雪岩说,"但是我们给她们免费开了户头,垫付了底金,再把折子送过去,她们肯定很高兴,她们就会四处相传,这样,和她们往来的达官贵人岂不知晓?别人对阜康的手面,就另眼相看了。咱们阜康钱庄的名声岂不就打出去了?到时候还想没生意做吗?"

刘庆生这才恍然大悟,心领神会地点了点头,心里暗自佩服胡雪岩做生意的手法。

刘庆生把那些存折一一送出去没几天,果然不出所料,有几个大户头前来开户。钱庄业的同行都感到很惊讶:阜康钱庄才刚刚开业几天,就把他们多年结识的大客户拉走了!但一直弄不清楚其中的缘由。

当然,胡雪岩是要做大事的,不可能只把眼光盯在太太、小姐和达官贵族这些上层人物身上,他还特别注意吸收下层社会人们的储蓄存款。他没有忽略社会下层这个重要的顾客群体。因为他知道,中国是一个人口众多的国家,而下层社会人员是一个很大的群体,虽然每个人的私人存款可能很少,但是积少成多,小河流也能汇成汪洋大海。更重要的是,其中有些人地位虽不高,但却很特殊,往往在事情的发展中起到意想不到的作用。这一点不容忽视,胡雪岩看到了,也适时地利用上了。

在让刘庆生开的那些存折中,胡雪岩就特地为巡抚衙门的门卫刘二爷准备了一份。由于胡雪岩跟官场的关系,经常出入巡抚院,跟刘二爷也算是老相识了,他并没有因为自己是富商就看不起守门人。而今钱庄开业,他送给刘二爷一份存折,一则算是送给老朋友的一份薄礼,二则刘二爷是个守门人,从他眼皮子底下来来往往的有头有脸、有名有姓的人物很多,刘二爷的信息十分灵通,以后或许会得到他的帮助。

后来,一个偶然的机会,胡雪岩果真从刘二爷那里得到了一个极其重要的商业信息，胡雪岩因此又获得了一次机会，大大地发了一笔财。这次的成功获利，应该归功于他当初"舍"给看门的刘二爷的一笔小财。

以寻常人的眼光来看，胡雪岩在经营中常常做一些"折本生意"，实在让人搞不懂，有些人也不敢做。但胡雪岩的高明之处就在于此，他总是能比一般人看得更远，能看到更长远的利益，而他的投资，往往也都得到了很好的回报。

佛语有云："舍得舍得，不舍不得。"在现实生活中也是如此，有付出才会有回报，只有能够"舍"才能够"得"，舍得"小利"，才能获得"大利"，最终达成我们的目标。

06 不要让埋怨
　　充斥你的生活

　　生活中，总能听到各种埋怨：被领导批评了、工作压力大了、工资低了、物价又上涨了……只要生活在这世上，总有报怨不完的事，每个人都在疑惑：怎么有这么多的不如意发生在自己身上？怎么别人的路总是比自己平坦？生活太不公平了！

　　其实，生活是公平的，不平的是人的心态。很多人一天到晚就只知道抱怨这抱怨那，他们从来不从自己身上找原因。他们埋怨工资低，却不去想怎样来改变这个现况，他们不明白"业精于勤，荒于嬉"的道理；他们认为付出了就一定会有回报，一旦没有回报就开始怨声载道、意志消沉。其实只要是付出了总会有收获的，只是每个人的收获不一样，有的收获是看得见的物质，有的收获是看不见的经历。物质是可以明码实价的，而经历则可谓是无价之宝。

　　生活是公平的，有的人表面上仕途得意，前呼后拥，其实他们生活在没有硝烟的战场，周围到处布满了虚伪的陷阱，一言一行如履薄冰，几乎失去了人生的自由。有的人拥有轿车、洋房，但他们永远不会满足自己对金钱的欲

第七章
先予后取，成就财富人生

望，更多的时间是在考虑权钱交易，考虑朋友的利用价值，他们无暇去感受生活，他们的内心是空虚的。有的人世袭富贵、一帆风顺，生活中没有经历坎坷，没有经历波折，但这样的人是脆弱的，他们的人生经不起一点颠簸，就像一个美丽的花瓶，一受撞击便粉身碎骨。所以不要埋怨，更不要用别人的快乐来影射自己的失落。

生活是公平的，有得就有失，鱼和熊掌不能兼得。得到了事业有成，但可能失去许多闲情逸致；满足了自己的私欲，但可能失去朋友的信任。佛罗斯特有一段名言："面对两条小路，可惜不能并行，而不同的路有不同的风景和与之带来的喜悦和痛苦，自然，走上不同的路，结果会有天壤之别，我们都面临过选择或正在面临选择。我们将如何对待选择所造成的天壤之别呢？会扼腕叹息吗？会深深痛悔吗？会恨不能重新站在十字路口上吗？"所以不要埋怨生活，既然选择了自己所要走的路，那么就不要埋怨，与其埋怨不如想想如何改变。

不要让埋怨充斥生活，生活对每个人都一样，有钱有势的人不一定幸福，他们的心活得太累，疲惫之极何常不想做个平常人。草棚光脚不一定是痛苦，虽然日出而作，日落而归，但他们能坦坦荡荡地过好每一天。不要埋怨生活，幸福不是一个固定的模式，幸福是自己在生活中感悟出来的。生活中难免会遇到这样或那样的不如意，想想得失，理性地对待自己的生活，保持一颗平常之心，不要企盼太多，不要祈求超过你所能承受的重量。不去埋怨，淡然人生，超脱心境，就会得到幸福。

07 帮助别人
　　就是帮助自己

　　帮助别人是一种美德，人生活在社会群体中，需要互相帮助，因为也许将来有一天你也需要别人对你伸出援手。帮助别人，其实就是帮助自己。

　　一只小蚂蚁在河边喝水，不小心掉到了河里，用尽全力也游不到岸边，小蚂蚁近乎绝望地挣扎着在河水中打转。这时，正在河边觅食的一只大鸟看到了这一幕，它很同情这只可怜的小蚂蚁，于是衔起一根小树枝扔到它旁边。小蚂蚁挣扎着上了树枝，终于脱险回到岸上。

　　小蚂蚁正在河边草地上晒自己身上的水，这时，它听到一个人的脚步声。一个猎人轻轻地走过来，手里端着枪，准备射杀那只大鸟。小蚂蚁迅速爬上猎人的脚趾，钻进他的裤管，就在猎人扣动扳机的瞬间，小蚂蚁咬了他一口。猎人一分神，子弹打偏了。枪声把大鸟惊起，大鸟振翅飞远了。

　　俗话说，投之以桃，报之以李。有时在无意中帮助别人，可以获得意外的收获。

　　如果你是一个业务精英的话，千万不要对那些新同事侧目和不屑。帮助

第七章
先予后取，成就财富人生

他们，给他们提供指导，告诉他们你的心得和经验，这对于你来说是一件很容易的事，就像大鸟衔起一根小树枝扔给落水的小蚂蚁一样简单。但对方会相当感动并把这件事铭记于心，从此与你站在同一立场，不管发生什么事都视你为老师。很少的付出就能获得很大的回报，何乐而不为呢？

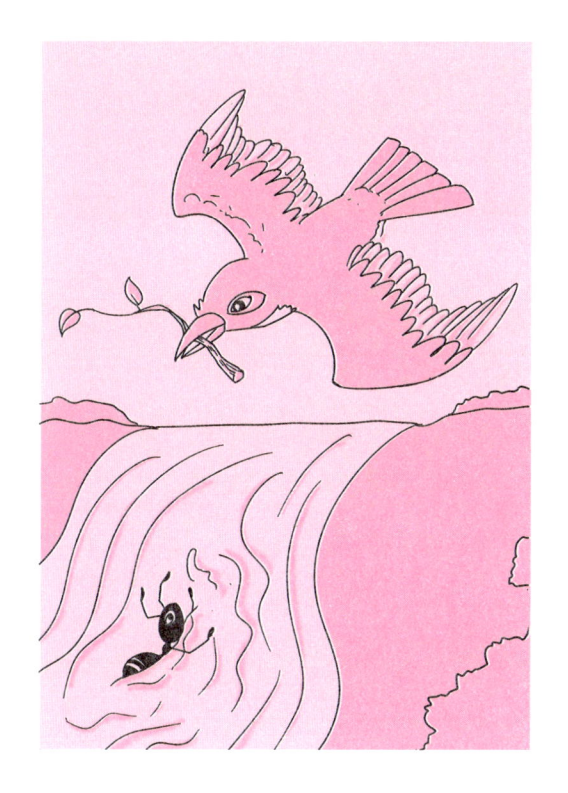

如果你是一位领导，更要善待你的下属，正是因为他们，你才能取得杰出的成就。像对待你的亲人和朋友一样对待他们，为他们提供工作和生活方面的帮助，支持他们，保护他们，和他们站在一起，做他们的代言人和挡箭牌，与他们分享荣誉和掌声。只有这样，你才能得到他们的真心和忠诚。

别轻视那些技能较你逊色、职位较你低微的人，尊重他们并且善待他们，在危急时刻你才能"得道多助"。

台湾作家林清玄曾为我们讲述了这样一个故事：

铭鉴经典
主动选择　敢于放弃

一位在山中苦修多年的禅师，有一天趁着月色在林中漫步，在皎洁的月光下，他对佛法又有了新的领悟。

当他高高兴兴地往回走时，却发现自己的住所遭到小偷的光顾，没有找到任何财物的小偷要离开时却在门口碰见了禅师。

原来，禅师怕吓着小偷，就一直在门口等待，他知道小偷不会找到任何值钱的东西，早就把自己的外衣脱了拿在手上。

小偷遇见禅师，知道他的武术高强，转身正欲逃跑时，禅师却说："你走了这么远的山路来看我，总不能让你空手而回呀，夜凉了，你带上这件衣服走吧。"

禅师说着，把衣服披在了小偷身上，小偷不知所措，低着头溜走了。

禅师望着小偷远去的背影，抬头望了望天空，见月亮已被彩云遮住了，便不禁感叹道："山路漆黑呀，但愿我能送他一轮明月。"

他送走小偷后，回到屋中诵经打坐，直到天明。

第二天，禅师迎着温暖的阳光推开房门，看到他昨晚披在小偷身上的衣服整整齐齐地叠好放在门口，禅师非常高兴地说：

"我已经送他一轮明月了。"

人生就像在海上航行，我们自己就是一叶风帆，一旦遭遇风浪，总是希望会有人伸出双手来帮助我们。

如果仔细思考就会发现，许多人的成功都是在别人的帮助和教诲下取得的。于是便有了这样一句名言：世上有两种智慧：一种是把智慧用来侵犯别人，一种是把智慧变成爱心去嘉惠别人。

其实，在你帮助别人的同时也是在给自己创造更多的机会，所以当别人有难的时候，请不要犹豫地伸出你的手。

第七章
先予后取，成就财富人生

08 有所失必有所得

父亲给儿子带来一则消息，某一知名跨国公司正在招聘网络设计师，不仅薪水非常丰厚，而且这家公司很有发展潜力，近些年新推出的产品在市场上十分畅销。儿子当然是很想应聘的，但他很犹豫，对父亲说："我在职校的培训快结束了，我要真的给聘用了，一年的培训就算完了，连张结业证书都拿不到。"父亲笑了，说："咱俩做个游戏吧。"他把刚买的两个大西瓜放在儿子面前，让他先抱起一个，然后，要他再抱起另一个。儿子瞪圆了眼，一筹莫展。抱一个已经够沉的了，怎么能抱住两个呢！

"那你怎么把第二个抱住呢？"父亲追问。儿子苦想了半天，也没有想出办法来。父亲叹了一口气，提醒道："你为什么不把手上的那个放下来呢？"儿子似乎明白过来，是呀，放下一个，不就能抱上另一个了吗！儿子照做了。父亲接着说："这两个总得放弃一个，才能获得另一个，就看你自己怎么选择了。"

儿子顿悟，前去应聘。后来，儿子如愿以偿，成了这家跨国公司的职

铭鉴经典
主动选择　敢于放弃

员，放弃了那个职校的培训。但在这个公司，他获得了经常出国培训的机会。现在，他已经是这家大公司的技术骨干了。他经常感慨地说："是父亲教会了我学会放弃，学会选择。"

人生来就有一种占有欲，喜欢"得"而讨厌"失"。其实"失中自有得"，而"得中也有失"。如果把人的一生中的获得和失去相加，其结果等于零。也就是说，人从呱呱坠地至生命终结，失去了多少，必然也就得到了多少。物理学上有一个"能量守恒定律"，说的是能量只能以一种形式转化为另一种形式，从一种物体转移到另一个物体，但在转化或转移过程中，能量的总量是不变的。这个定律在得与失上也同样适用，我们要坚信得与失之间也是守恒的，有得必有失，有失必有得，失去的东西会以另一种形式转化为得到。所以，不要总是把失去看作是一件悲惨的事情，换一种心态，你会发现，失去所

第七章
先予后取，成就财富人生

带来的，有时候比得到还要珍贵。

我们应该以一种积极的、乐观的心态去面对得与失，得到不骄纵，失去不苦恼。即使有些东西从一开始就失去了，我们也应该把这种失落化作奋发的动力，成就自己美好的人生。

邰丽华这个名字，对于许多人来说并不陌生，她是中国残疾人艺术团团长、中国特殊艺术委员会副主席。她幼时因高烧打针不幸药物中毒，从此失去了听觉。但她一直对音乐节奏有一种特殊的敏感和理解力，在父母和老师的鼓励与帮助下，她与舞蹈结下了不解之缘。

邰丽华15岁开始舞蹈训练，她的舞蹈是无声的世界，自然无法领略音乐所带给人的震撼。但她克服了常人无法想象的困难，付出了比常人多出百倍甚至千倍的艰辛与努力。

她失去了很多，但同时也得到了很多。1992年10月，邰丽华作为唯一一位残疾人舞蹈家登上了意大利斯卡拉大剧院的舞台；2000年，在纽约卡内基音乐厅演出，并荣获全国残疾人艺术汇演一等奖、"奋发文明进步奖"个人文艺奖。邰丽华还是中国唯一一位登上这两大世界顶级艺术殿堂的舞蹈演员。她演绎的"雀之灵"被人盛赞为"比泉水更清亮，比月光更纯净"，并因此被称为"孔雀仙子"。她与众多残疾女孩在春晚上演绎的那场精美绝伦的"千手观音"，更是让她获得了世界级的声誉。

也许，正是因为失去了，才会令她如此发奋。邰丽华说："其实每个人的人生都是一样的，有圆、有满、有空、有缺，这是你没有办法选择的，但是你可以选择看人生的角度，然后带着一颗快乐而感恩的心态去面对人生的不圆满，去追求、去努力，那是最美的。"

得与失就像小舟的两支桨，马车的两个轮，互补互助。失去太阳，却能得到星空的照耀；失去青春，却能收获成熟的人生。失去是一种痛苦，也是一种幸福。正确地看待得与失，你才会拥有一个成功而幸福的人生。

第八章
选择好了就去做吧

　　任何一个明智的选择，一项伟大的发明，最终都必须落到实际行动上。行动是改变自我、拯救自我的标志。要想获得成功的果实，光有想法是不够的，想好了你得去做。只有将想法付诸行动，并全力以赴地去做，才有可能获得成功的锦标。

01 选对池塘
　　才能钓到大鱼

　　工作中，老板是一个无法回避的重要对象。而选择一位明智的、优秀的老板，你将受益匪浅，这意味着你的才干会得以充分的发挥，你的工作目标会变得更加清晰，工作精神的释放会更加有意义。

　　古代贤人择明君而事之，作为今天的现代人也理应如此。

　　选择"明君而事之"的前提是你应当是内外兼修的人，在某个领域有一定专长，这样才能够"制人而不制于人"，拥有主动权。可是，一些所谓的"贤人"虽然拥有很多的优势，但他们不清楚一个好的环境和好的上司对他们来说至关重要。这些"贤人"目光短浅，贪图一时的安逸和短期的利益，结果自己潜在的能力渐渐被埋没，这不能不说是一个遗憾。

　　在一个企业里，影响企业发展和员工发挥才能的主要因素之一是老板或经理的态度。他们是目光长远，是随波逐流，还是不盲目从众；他们任用的是什么样的人，用人的标准是什么，任人唯亲还是任人唯贤；他们视企业利益大于个人利益还是个人利益大于企业利益等等，这些都是取舍"明君"的重要先

第八章
选择好了就去做吧

决条件。

文婷和李娟毕业于同一所大学，之后两人去了同一家外企公司面试。

李娟先去面试，回来后她很生气地对身边的人说："我实在无法想象，那个老板给我开的月薪是300美元。现在，我已经找到一份月薪500美元的工作。"

后去的文婷，尽管月薪同样只有300美元，但她认为以后会有更多加薪的机会，她最终还是选择了这个工作。她的解释是："任何人都不会拒绝高薪的工作，但是，通过我的观察，我发现那个老板很有能力。我觉得，跟着他做一定可以学到很多东西，即使工资低一点也是值得的，以后的前途肯定很好。"

后来的结果是：李娟当时的年薪是6000美元，但现在她即使拼命工作也只能赚到8750美元；而当时年薪只有3600美元的文婷，现在轻易就能挣20000美元，而且还有红利。

两个人之所以有这么大的差异，原因就在于选择了不同的老板。

但是很多人却没有意识到这一点：我可以从哪些人中获得对我要从事的工作有价值的指导？在工作中学到的本领和积累的阅历才是真正有价值的，对未来有真正的帮助。

铭鉴经典
主动选择 敢于放弃

每个人都有权力选择自己的老板，我们要善于使用这个权力。如果你想提升自我，就应遵循这样的原则：如果你不能从老板那里学到东西，那么就要果断地离开。

卓越者之所以卓越，就在于他们的见识、品行、能力高人一等。优秀的老板可以激发员工的潜能，提升员工的能力。因此，每位员工都应选择"明君以事之"。"近朱者赤，近墨者黑。"选择品质恶劣的老板定会阻碍自身的发展。

下面6种老板便是员工不必追随的：

1.城府极深的老板。

城府极深的老板，对不如意的事情喜欢报复，对不如意的人想办法铲除，这样的老板喜怒往往不形于色，你很难通过他的表情去了解他的真实意图，令你防不胜防。总之，这种老板最擅长的是使用计谋。假如你的老板不幸正属于此类，你只能如履薄冰，兢兢业业，一切以老板马首是瞻，卖尽你的力气，把你的智慧藏起来。

卖力容易获得老板的欢心，隐藏智慧容易使老板轻视你，轻视你自然不会防备你，轻视你也就不会嫉妒你，这样一来，可能会相安无事。可是，有这类老板的企业绝不能久留，你若想在事业上获得发展，应该早一点另谋他处。

2.态度蛮横的老板。

贺拉斯曾经说过："一个人只要有耐心进行文化方面的修养，就绝不至于蛮横得不可教化。"

态度蛮横的老板往往喜欢攻击别人，他们对权力的追求达到了疯狂的地步。一方面，他们为了争取获得更大的权力，显得迫不及待，而较少顾及到别人；另一方面，他们为达到这一目标，往往做出夸张的行为。他们目空一切，自以为是。

这种老板有几个特点：排斥有能力的员工，无法和别人进行很好的合

第八章
选择好了就去做吧

作，使得有抱负的人受到排挤；独断专权，经常摧毁下属的创造性，使得下属的工作情绪低落；目光短浅，不重视过程，使得业绩下降，最后连累下属。

因此，选择这样的老板一定要慎之又慎。

3.爱摆架子的老板。

这种老板自视清高，爱摆"臭架子"。要讨这类老板的欢心不难，问题就是，你盲目地拍老板的马屁，太不划算了。事实上，尽量迁就老板，不违背你个人的原则，就已经足够了。服从老板和努力工作，是作为员工的必要条件，不过强迫自己去做不喜欢的事情，就完全没有这个必要了。

4.个人品质低劣的老板。

对于员工而言，个人品质低劣的老板更是不应追随的。

这种老板的主要特点是：

第一，行为怪异。

第二，情绪易激动并且狭隘，高度自私。

第三，以种种花招玩弄他人。

因此，这种类型的老板的行为常常是不可理喻的。作为员工，应该尽量避免和这种老板打交道。

5.无能型的老板。

这种类型的老板不能做好他所负责的工作，对自己的无能也常常视而不见，而且对任何可能会针对自己缺陷的批评高度地敏感。这种类型的老板不认为自己必须对工作中的问题负责，他们一有困难或错误就会立刻指责员工。

无能的老板善于为自己的无能行为找借口。敢做敢为的员工和很有能力的人往往被无能型老板视为一种威胁。

6.天生多疑的老板。

员工一般很难与多疑的老板共事，因为这类老板的头脑中所想象的情况与客观的真实情况往往不一致，他们扭曲的想法只有自己能够接受。因此，员工很难预料到多疑的老板的行为和态度。在这种类型的老板手下工作，会使人们产生苦恼，因为员工要用大量的时间来猜想老板的想法，结果影响自身的工作和自我的晋升。

职场也如人生舞台一样，一幕幕戏剧不断上演。透视职场人生，只有选择优秀、明智的老板，你的才能才会得以充分发挥，你才能在万变的生存空间中游刃有余。

第八章
选择好了就去做吧

02 心动，更要行动

俄国著名的剧作家克雷洛夫有一句名言："现实是此岸，理想是彼岸，中间隔着湍急的河流，而行动则是架在河上的唯一桥梁。"任何远大的理想、伟大的计划，都必须靠行动来实现和利用。想想你是不是常常渴望成功，却没有为成功做出过一丝一毫的努力？

人生的成绩单，并非你知道了多少，而是你做到了多少。知道仅是心动，做到才是行动。100个理论，不如一个具体的行动；行动一个小时，远远胜于24个小时的空想。

行动是成功的关键，想法再好，不行动一切都是空的，懂了也白懂，知道也等于不知道，做到才是重点。知识本身不是力量，运用知识才会发挥力量，阿里巴巴总裁马云说："我宁愿二流的想法采取一流的行动，也不要一流的想法采取三流的行动！"可见只有下定决心，历经学习、奋斗这些不断的行动，才有资格摘下成功的甜美果实。

有这样一个故事：

有一次，中国的一位企业家这样问杰克·韦尔奇："我们大家知道的都差不多，但为什么我们与你们的差距那么大？"

杰克·韦尔奇回答："你们知道了，但是我们做到了。"

这个答案简单得出人意料，却道出了一个发人深省的真谛：知道更要做到！否则，再好的计划，再宏伟的目标，都是空谈。

"知道"固然重要，但如果仅仅停留在知道上是不够的，最关键的是"做到"。让我们再来看一个真实的故事：

在美国某公司的一次会议中，销售经理请与会者都站起来，看看自己的椅子下面有什么东西。结果每个按照要求做的人都在自己的椅子下面发现了钱——最少的捡到一枚硬币，最多的捡到了100美元。

这位经理说："这些钱谁捡到就归谁了，但你们知道我为什么这样做吗？"与会人员面面相觑，不明白经理的用意。最后经理一字一顿地说："我只不过想告诉你们一个最容易被忽视甚至忘掉的道理：坐着不动是永远也赚不到钱的！"是的，要想有收获就必须立刻行动。

立刻行动起来，不要有任何的耽搁。要知道世界上所有的计划都不能直接让你成功。要成功，光有梦想是不够的，必须拥有一定要成功的决心，配合确切的行动，坚持到底。

一位侨居海外的华裔大富翁，小时候家里很穷，在一次放学回家的路上，他忍不住问妈妈："别的小朋友都有汽车接送，为什么我们总是走回家？"妈妈无可奈何地说："我们家穷！""为什么我们家穷呢？"妈妈告诉他："孩子，你爷爷的父亲，本是个穷书生，十几年的寒窗苦读，终于考取了状元，官至二品，富甲一方。哪知你爷爷游手好闲，贪图享乐，不思进取，坐吃山空，一生中不曾努力干过什么，因此家道败落。你父亲生长在时局动荡的年代，总是感叹生不逢时，想从军又怕打仗，想经商又错失良机，就这样一事无成，抱憾而终。临终前他留下一句话：'大鱼吃小鱼，快鱼吃慢鱼。'孩

第八章
选择好了就去做吧

子，家族的振兴就靠你了，干事情想到了、看准了就得行动起来，抢在别人前面，努力地干了才会有成功。"

他牢记妈妈的话，经过艰苦创业，终于成为著名的华人富翁。他在自传的扉页上写下这样一句话："想到了，就是发现了商机，行动起来，就要不懈努力，成功仅在于领先别人半步。"

从前，四川境内有两个和尚，一个很贫穷，一个很富有。

有一天，穷和尚对富和尚说："我打算去一趟南海，你觉得怎么样呢？"

富和尚不敢相信自己的耳朵，认真地打量一番穷和尚，禁不住大笑起来。

穷和尚莫名其妙地问："怎么了？"

富和尚问："我没有听错吧！你也想去南海？可是，你凭借什么东西去南海啊？"

穷和尚说："一个水瓶、一个饭钵就足够了。"

富和尚大笑说："去南海来回好几千里路，路上的艰难险阻多得很，可不是闹着玩的。我几年前就着手准备去南海的，等我准备充足了粮食、医药、用具，再买上一条大船，找几个水手和保镖，才可以去南海。你就凭一个水瓶、一个饭钵怎么可能去南海呢？还是算了吧，别白日做梦了。"

穷和尚不再与富和尚争执，第二天就只身踏上了去南海的路。他遇到有水的地方就盛上一瓶水，遇到有人家的地方就去化斋，一路上尝尽了各种艰难困苦，很多次，他都被饿晕、冻僵。但是，他一点儿也没想到过放弃，始终朝着南海的方向前进。

很快，一年过去了，穷和尚终于到达了梦想的圣地：南海。两年后，穷和尚从南海归来，还是带着一个水瓶、一个饭钵，穷和尚由于在南海学习了很多知识，回到寺庙后成为一个德高望重的和尚。

而那个富和尚仍旧在为去南海做各种准备工作呢。

有句话说得好："一百次心动不如一次行动！"行动是一个敢于改变自

铭鉴经典
主动选择 敢于放弃

我、拯救自我的标志，是一个人能力有多大的证明。美国著名成功学大师杰弗逊说："一次行动足以显示一个人的弱点和优点是什么，能够及时提醒此人找到人生的突破口。"只有行动，才可能成就人生。古今中外，能人贤者，莫不如此。在人生的道路上，我们需要用行动来证明和兑现曾经心动过的梦想。

在任何一个领域里，不努力去行动的人，就不会获得成功。就连凶猛的老虎要想捕捉一只弱小的兔子，也必须全力以赴地去行动。

"说一尺不如行一寸。"任何希望与计划最终必须要落实到行动上。只有行动才能缩短自己与目标之间的距离，只有行动才能把理想变为现实。做好每件事，既要心动，更要行动。只会感动羡慕，不去流汗行动，成功就是一句空话。

有个一贫如洗的年轻人总是想着如何能够摆脱贫穷，但又不想付诸行动，于是他每隔三两天就到教堂祈祷，而且他的祷告词几乎每次都相同。

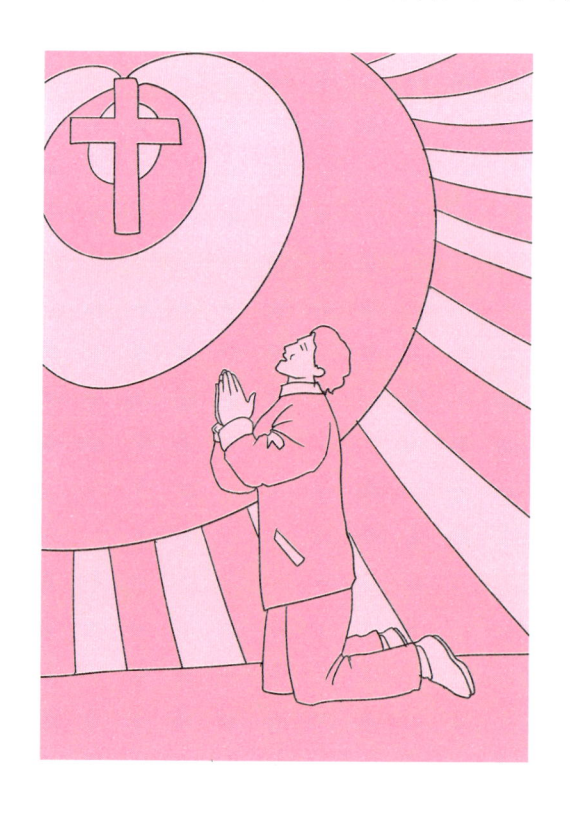

第八章
选择好了就去做吧

第一次他到教堂时,跪在圣坛前,虔诚地低语:"上帝啊,请念在我多年来敬畏您的份上,让我中一次彩票吧!"

几天后,他又垂头丧气地回到教堂,同样跪着祈祷:"上帝啊,为何不让我中彩?我愿意更谦卑地来服侍您,求您让我中一次彩票吧!"

又过了几天,他再次出现在教堂,同样重复着他的祈祷。如此周而复始,他不间断地祈求着。

到了最后一次,他跪着说:"我的上帝,您为什么不垂听我的祈求呢?让我中一次吧!只要一次,让我解决所有困难,我愿终身专心侍奉您。"

就在这时,圣坛上空发出了一个宏伟庄严的声音:"我一直在垂听你的祷告。可是——最起码,你也该先去买一张彩票吧!"

现实生活中也有大多数人,在开始时都拥有很远大的梦想,如同故事中的这位祈祷者。却从未掏腰包真正去"买过一张彩票",缺乏决心与实际行动的梦想。在梦想一个个老去时,他们的内心便开始萎缩,逐渐产生消极思想,从此过着随遇而安、乐天知命的平庸生活。

奥格·曼狄诺是美国一位成功的作家,他常常告诫自己:"我要采取行动,我要采取行动……从今以后,我要一遍又一遍,每一小时、每一天都要重复这句话,一直等到这句话成为像我的呼吸习惯一样,而跟在它后面的行动,要像我眨眼睛那种本能一样。有了这句话,我就能够实现我成功的每一个行动,有了这句话,我就能够制约我的精神,迎接失败者躲避的每一次挑战。"

在工作中,你的工作能力加上你工作的态度,决定了你的报酬和职位。只有那些想好了就立即行动的人,他们的工作效率才会惊人的高,往往也只有这样的人,才能担任公司最重要的职务。

心动不如行动。心动只能让你终日沉浸在幻想之中,而行动才能让你最终走向成功。

铭鉴经典
主动选择　敢于放弃

03 行动是
　　成功的开始

一根小小的木桩，一截细细的链子，拴得住一头千斤重的大象，这一点也不荒谬。这种现象在印度和泰国到处都能见到。那些驯象人，在大象小的时候，就用一条铁链将它绑在一个小木桩上，无论小象怎么挣扎都无法挣脱，于是，它渐渐习惯了，也就不再挣扎，直到长成了大象，虽然可以轻而易举地挣脱铁链，但是它不会再尝试了。

非洲有一种大黄蜂，翅膀很小身体却很大，它们看起来很普通却成为众多科学家研究的对象，因为根据动力学的原理，从它们翅膀的大小和体重的比例来看，它们是无论如何也飞不起来的，但就是因为它们不懂动力学，所以它们飞起来了。

动物如此，人又何尝不是呢？我们往根据自己的经验去判断很多事情的结果，而轻视了自己的真实能力和环境的变化。实践是检验一切真理的唯一标准，这句话充分体现了行动的重要性，行动才能产生结果，不行动，连失败的可能都没有，更别说获得成功。

第八章
选择好了就去做吧

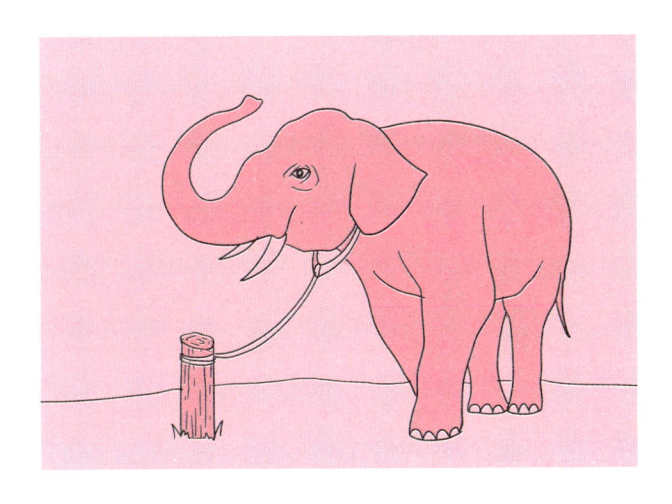

英国报刊对英国当代顶尖的成功人士做过这样的总结:"如果将他们的成功都归功于深思熟虑的能力和思想,那就太片面了。他们真正的才能在于他们在考虑分析完当前的形势后,能够立刻把计划付诸行动。这才是他们最了不起的,也是他们能够出类拔萃、居于最高位置的原因。无论什么事情一旦决定了就马上去做是他们共同的本质,'马上行动'是他们的口头禅。"成功的人不一定都天资优秀,但他们一定都是善于行动的人。如果不能立即行动,一切美好都只是幻想。

在工作中,我们避免不了会遇到各种各样的问题和困难。面对这些困难和问题,每个人的心里会产生很多想法:怕失败,怕经验不足,特别是刚刚踏入职场中的员工。但是,一旦这个时刻到来,你必须得放下一切恐惧和疑虑,立即动手去做。除了结果没有任何东西可以带来真正的影响,也没有任何东西可以带来那种真实的快乐。而立即行动就是获得结果的第一步,即使做错了,也能收获经验教训,如果不行动,不会有任何结果。

美国著名时间效率专家曾经这样说过:"没有完不成的任务,没有什么可怕的,你需要的仅仅是开始做起来,这才是你最应该关注的。因为它会使你获得先机和继续行动的动力,而这样的'仅仅做起来'也会最终带领你走向成功。"英国迪阿吉奥饮料集团公司的创始人尤拉·霍尔也曾这样说道："在我开始创业的时候，从来没有想过有什么事情让我害怕去做，我首先想到的是怎样赶快开始、赶快将自己的想法付诸在实际的行动中，这样我才会得到我想要的一切。"

在现代社会中，如何占领先机是一个非常重要的目标，当一个人或者一个团体在面对挑战的时候，最重要的就是如何不浪费宝贵的时间。

事实上，很多事情没有完成或没有实践的原因，不是你没有时间和精力去做，而是你没有立即行动的决心。如果你积极行动，如果你真想要完成某一件事，你就会提前计划，进而统筹安排实际行动，时间和精力自然也就有了。

如果你是个思前想后，犹豫不决的人，那么，你必须想一想迟疑的后果，既浪费了时间和精力，又荒废了才能和智慧，无论前者还是后者，都是错误的做法。事实上，这样的做事风格只会耽误工作，降低效率，并且会导致自信心受损，还会让别人对我们失去信心。

如果事情对你很重要，同时你也很想做到，那建议你现在就开始做，现在就开始行动起来，将你的全部能量都投入到为成功所做的努力中，无论结果如何，只要你行动起来就会有收获。

行动就是要逢山开路，遇水搭桥，就是要不畏艰难，始终坚持。实际上，当你真正开始行动，完全融入其中的时候，你更关注的是行动的本身，而不是困难和问题，所以不要犹豫，行动起来吧！

第八章　选择好了就去做吧

04 重要的是执行

有一群老鼠吃尽了猫的苦头，整日提心吊胆，不但终日躲躲藏藏的，没有安全感，而且吃不饱，睡不稳，难以过上安稳的日子。

因此，老鼠群落召开全体大会，号召大家群策群力，共同商量对付猫的万全之策，争取一劳永逸地解决这个关乎大家生死存亡的大问题。

众老鼠冥思苦想，都希望能想出一个最佳的计策。

有的提议培养猫吃鸡的新习惯，有的建议加紧研制毒猫药，有的说……

最后，还是一只年老的老鼠出了一个高明的主意，那就是给猫的脖子上挂个铃铛。如果猫一动，就会有响声，大家就可以事先得到警报躲起来。

这一计策被全票通过，但其执行者却始终产生不出来。

"有谁愿意去给猫挂铃铛？"主持会议的老鼠高喊着，可是没有任何老鼠敢站出来。后来高薪奖励、颁发荣誉证书等一系列办法都提了出来，但无论怎样，就是没有一只老鼠愿意去。给猫挂铃铛的计划被无限拖延下去。

老鼠能有如此新奇的想法和创意，这一点是很值得我们学习的。不管遇到什么困难、挫折，只要敢想，并能够尝试着去解决，就有可能得到好的结果。如果我们连面对的勇气都没有，那怎么可能走向成功呢？所以说，大胆设想、大胆尝试，是走向成功的第一步。

但更重要的问题是，老鼠的想法虽然新奇，有创意，却不具备可操作性。老鼠与猫始终是天生的敌人，即使最聪明的老鼠想出最好的办法，如果没有执行者，还是等于空想。

在生活或工作中我们也会经常碰到类似的问题，很多好主意我们无法转化为行动，很多好决策无法产生现实的意义，究其原因就是我们缺少执行的能力。而很多事实都已经表明，决策和制度不在于多么英明，而在于能否实施。方法再奇特，制度再先进，如果得不到贯彻执行，那也是一纸空文，没有任何实际意义。

世界上没有无法解决的问题，只有不够努力造成的失败和遗憾。只要你有足够的信心，有超强的主动性，你的创意之门就能被打开，就能找到解决问题的办法，并配合积极的行动，你就会迈向更大的成功。

第八章
选择好了就去做吧

05 把弱项变成强项

常言道：金无足赤，人无完人。任何人都会在某些方面表现出优势，同样的，也会在另一方面表现出劣势。每个人都有自己的长处和短处，关键是你怎么对待。有时候，你最大的弱项可以变成最大的强项。比如下面这个故事：

一个10岁的小男孩在一次可怕的车祸中失去了左臂，但是他却决定要学习柔道。

男孩跟随一位日本老柔道师傅学习。男孩的学习进展顺利。但是他并不明白为什么师傅训练了他三个月却只教他做一个动作。

"先生，"男孩最后说，"我们应该练习更多的动作了吧？"

"这是你学到的唯一动作，也是你唯一需要学习的动作。"师傅回答。

男孩儿十分不解，但是他相信自己的师傅，所以他继续坚持练习。

几个月后，师傅带领着他去参加柔道比赛。让男孩出乎意料的是，他轻易地赢得了头两场比赛。第三场比赛比前两场要艰难得多。但是经过一番较量，男孩的对手开始变得急躁和冲动起来。于是男孩利落地用他的独招赢得了比赛。胜利使男孩惊奇不已，他轻松地进入了决赛。

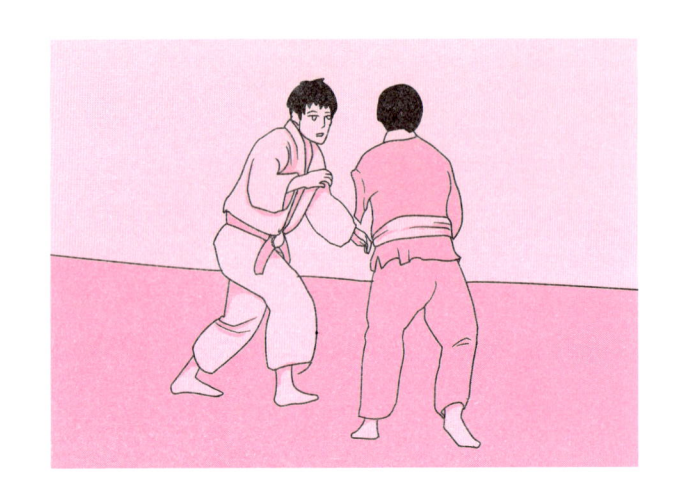

这一次，他的对手块头更大、更强壮、更有经验。一时间，男孩表现出有点体力不支。裁判考虑到男孩可能会受伤，就叫了暂停。男孩正准备要退场，这时师傅说话了。

"别停下，"师傅坚持说，"让他继续。"

比赛马上重新开始。这时，男孩的对手在关键时刻犯了一个致命的错误：他放松了警惕。男孩马上用他的独招牵制住对手。男孩取胜了，他打败了所有的对手，得了冠军。

在回家的路上，男孩和师傅回顾了每场比赛中的每个动作。男孩鼓起勇气问师傅到底是怎么回事。

"先生，我怎么只凭借一个动作就得了冠军？"

"你得胜有两个原因，"师傅回答说，"第一，你基本学会了柔道中最难学的一个摔打动作。第二，对这个动作的唯一防御办法就是对手必须抓住你的左臂。"

男孩最大的弱项成了他最大的强项。

第八章
选择好了就去做吧

每个人都会有自己的弱点与缺陷,即使缺陷再大的人也有其闪光点。作为独立的个体,你要相信,你有许多与众不同的甚至优于别人的地方,把自己的弱项变成强项,并用它去迎接挑战,最终你会迎来属于自己光荣与胜利。

铭鉴经典
主动选择　敢于放弃

06 在忍耐中磨砺自己

有位青年脾气很暴躁，容易发怒，经常跟别人打架，因此，很多人都不喜欢他。

有一天，这位青年无意中走到大德寺，碰巧听到一休禅师正在说法。他听完后发誓痛改前非，于是对禅师说："师父！我以后再也不跟人家打架了，免得人见人烦，就算是别人往脸上吐口水，也只是忍耐地擦去，默默地承受！"

一休禅师听了青年的话，笑着说："嗳，何必呢！就让唾沫自己干了吧，何必去擦掉呢？"

青年听了，有些惊讶，于是问禅师："那怎么可能呢？为什么要这样忍受啊？"

一休禅师说："这没有什么不能忍受的，你就把它当作是蚊虫之类停在脸上，不值得与它打架或者骂它，虽然被吐了唾沫，但并不是什么侮辱，就微笑地接受吧！"

第八章
选择好了就去做吧

青年又问:"如果对方不是吐唾沫,而是用拳头打过来时,那可怎么办呢?"

一休禅师回答:"这不一样嘛!不要太在意!这只不过一拳而已。"

青年听了,认为一休禅师说的实在是岂有此理,终于忍耐不住,举起拳头,向一休禅师的头上打去,并问:"禅师,现在怎么办?"

一休禅师非常关切地说:"我的头硬得像石头,没什么感觉,倒是你的手大概打痛了吧?"

青年愣在那里,无话可说了。

忍耐所蕴含的是智慧,在忍耐中可以磨砺人性,洞察世事,冷静地分析现实情况,最终救自己于危难。如果脾气暴躁,动辄火冒三丈,如何能想出解决问题的良方呢?

有句话说得好:忍他人之不能忍,方为人上之人。忍,实在是一种高深的处世之道。小忍可以避免争端,大忍可以大事化小,并且可以修身养性。

忍耐是一种利益的取舍。人们所争的是名利,所忍的也是名利的暂时失去,能够忍受暂时的屈辱,磨炼自己的意志,是一个成功者所必不可少的心理素质。只有忍受自己遭遇的不公,对社会的不公,才能保全自己的名利。

只有处事不惊、厚积薄发，才能有以静制动、后发制人、以退为进、以屈求伸的良好效果。正是"忍"加强了我们的韧性和灵活性，使我们能够迎接和承受各种艰难险阻的挑战。要学会忍耐，在忍耐中磨砺自己，才有机会成功。

第八章
选择好了就去做吧

07 始终比
他人快一步

某人之所以会比你成功，因为他比你快一步。在竞争日趋激烈的今天，要想在竞争中取得先机，提高办事效率，你就要比他人快一步，这是制胜的关键。

郭台铭，我国台湾富士康集团CEO。在他的带领下，富士康在30年的时间里不断壮大，并连续7年入选美国《商业月刊》全球信息技术公司100强排行榜，连续3年蝉联中国出口创汇第一名。公司经营的范围横跨计算机、通讯和电子领域，是微软、惠普、戴尔的重要合作伙伴。富士康之所以取得如此骄人的业绩，与其CEO郭台铭无论做什么始终抱着"比他人领先一步"的管理策略有着极大的关系。正因为认识到积极行动、事事比别人领先一步，就能抢占先机，富士康才成为全球制造业"代工之王"，而郭台铭也被《华尔街日报》称为"代工皇帝"。

郭台铭是最善于发挥主动性抢占先机的CEO。有许多企业管理者喜欢坐在办公室，把所有的事情计划周全后再发号施令，让下属去执行，这样的做法会

铭鉴经典
主动选择　敢于放弃

拖延时间，从而失去许多有利时机。但郭台铭却不同，只要是他认准了的机会，不管是对人还是对事，他都会在第一时间抢在别人前面去做。

有一次，海外某知名大公司的一位采购员准备到台湾来采购一大批计算机方面的产品。为了争取到这个大客户，台湾几家大型的计算机代工厂都派出人马去机场等待采购员下飞机，准备把他接到自己的公司。一家计算机代工厂的主管亲自带队，以为志在必得，一定能把采购员接到自己的公司。但出乎意料的是，在出关大厅里，他看见同行一家公司的董事长亲自出马，率领工作人员也在这里等候。看着对方强大的阵营，这位主管心中叹道："没想到一开始就落于别人下风，自己已迟到了一步。"但他还是硬着头皮，和那位董事长一起等待那位采购员，心里想着至少可以和对方打个招呼。

当飞机降落后，各公司派出的迎接代表都往接机口涌去，谁都想把这位"财神爷"请回公司。然而令人惊奇的是，当那位采购要员出现在他们的视野中时，他的身边却多了个郭台铭，他俩边走边谈笑风生，所有的接机人员都愣在了当场。这位主管也万万没想到，强中更有强中手。

原来郭台铭早就掌握了对方的行踪，并抢在竞争对手的前面，在客户转机来台时，"巧遇"他，并和他搭上同一航班回台，因此那位采购要员和他一起回到了富士康的总部。郭台铭仅仅比别人领先一步，就为公司争取到了一大笔订单。

由此可见，处处比别人领先一步是非常有必要的。中国的古语说："早起的鸟儿有虫吃。"凡事要主动，在机会来临之前，比别人抢先一步行动，你就领先别人一大截。

1973年，英国利物浦市一个叫科莱特的青年考入了美国哈佛大学，常和他坐在一起听课的是一位18岁的美国小伙子。大学二年级那年，这位小伙子和科莱特商议，一起退学去开发Bit财务软件，因为新的教科书中，已解决了进位制路径转换问题。

第八章
选择好了就去做吧

当时，科莱特感到非常惊诧，因为他来这里是求学的，不是来闹着玩的，再说对Bit系统，默尔斯博士才教了点皮毛，要开发Bit财务软件，不学完大学全部课程是不可能的，他委婉地拒绝了那位小伙子的邀请。

十年后，科莱特成为哈佛大学计算机Bit方面的博士生，那位退学的小伙子也在这一年进入了美国《福布斯》杂志亿万富豪排行榜。1992年，科莱特继续攻读，拿到博士后学位。那位美国小伙子的个人财产在这一年则仅次于华尔街大亨巴菲特，达到65亿美元，成为美国第二富豪。1995年科莱特认为自己已经具备了足够的学识，可以研究和开发Bit财务软件了；而那位小伙子则已经绕过Bit系统，开发出EIP财务软件，其速度比Bit软件快1500倍，并且迅速占领了全球市场，这一年他成了世界首富。一个代表着成功和财富的名字比尔·盖茨也随之传遍整个地球。

比别人先走一小步是比尔·盖茨成功的秘诀，也是微软持续领先的秘诀。如今微软继续沿用自己的速度飞速前进。在20世纪90年代末期，微软曾经在有线电视和电信公司中投入了数十亿美元，并将其研发力量分散在许多领域，其中包括MSN互联网业务部门和许多消费者Web服务。当然，微软知道自己的财富来源，其销售软件方面的努力也在一直得到强化。

同时微软还继续在IT市场上实现多元化，扩大势力范围。微软已经进入了企业软件领域，并通过发布Xbox游戏机和其他面向娱乐的产品，将自己打造成家庭娱乐产业的重要厂商。微软目前正在积极进军PC安全软件领域，如今微软已经发布了p版反间谍软件产品，并且准备在自己的操作系统中捆绑反病毒软件。

尽管微软在应用软件、PC软件、操作系统上很出色，但是比尔·盖茨始终没有放慢自己的脚步。他和微软在不同方向进行着其他尝试，领先的优势让他尝遍了甜头。

在机顶盒领域，微软已经成为第一；在手机领域，微软现在是第二；在视频游戏领域，微软是第二。抢先起跑使得微软占尽了天时地利。

有了设想，还要靠行动来落实。设想得再好，不行动等于零。首先要做好规划或计划，这样能使行动更有效。其次，在时间上要抓紧，不能拖延，错过了良机，好的设想也会大打折扣。

设想加上行动，你已经比别人先走一步了。成功者只是凡事比别人早一步。谁抢占先机，谁就可能获胜。只要你肯努力，凡事抢先一步，就可以超越别人。

08 工作有次序，做事有条理

下围棋，这步棋是应进攻还是应防守，如果进攻，时机是否成熟？准备工作是否已经做好？在做这些计划的决策时都体现了次序与条理性的重要作用。同样，做事、工作要讲究次序安排的条理，要学会在不同的时候做不同的事，在不同的时候安排不同的工作重点。

做事没有计划、没有条理的人，无论从事哪一行都不可能取得优异的成绩。一位在商界颇有名气的经纪人把"做事没有条理"列为许多公司失败的一个重要原因。

一个工作没有次序、缺乏条理的商人，很容易因办事方法的失当，而蒙受极大的损失。他们不知怎样去有效地合理安排业务；对于雇员的工作，他们不知道如何有效地调配；做事时，有的地方达不到应有的效果，但有的地方却做过了头；仓库里有许多过时、不合需要的存货，不能及时地处理，结果什么东西都纷乱不堪。这样的商行，必然会遭到失败。

工作没有条理，同时又想做成大规模营业的人，总会感到手下的人手不够。他们认为，只要雇佣的人多，事情就可以办好了。其实，他们所缺少的，不是更多的人，而是使工作更有条理、更有效率。由于他们办事不得当、工作没有计划、缺乏条理，因而浪费了大量职员的精力和体力，最终一无所获。

事实上，做事有计划、有条理对于一个人来说，不仅是一种做事的习惯，更重要的是反映了他的做事态度，是能否取得成功的重要因素。

有一个性格急躁的商人，不管你在什么时候遇见他，他都很匆忙。如果要同他谈话，他只能拿出数秒钟的时间，稍微长一点，他便要拿出表来看了再看，暗示着他的时间很紧。他公司的业务做得虽然很大，但是花费更大。究其原因，主要是他在工作上毫无次序，做事没有条理。

他的办公桌简直就是一个垃圾堆，他经常很忙碌，从来没有时间整理一下自己的东西，即便有时间，他也不知道怎样去整理、安放。

这个人自己工作没有条理，更不知如何恰到好处地进行人员管理，他只知一味督促职工，要求职工做得快些，却始终没有条理。因此，公司职员们的工作也都混乱不堪、毫无次序。职员们做起事来，也很随意，有人在旁催促便好像很认真地做，没有人在旁催促便敷衍了事。

而一个与他同行业的竞争者，做法恰恰与他相反。他从来也没有显出忙碌的样子，做事非常镇静，总是很平静祥和。任何人不论有什么难事和他商谈，他总是彬彬有礼。在他的公司里，所有职员都寂静无声地埋头苦干，各样东西安放得也有条不紊，各种事务也安排得恰到好处。

他每晚都要整理自己的办公桌，对于重要的信件立即就回复，并且把信件整理得井井有条。尽管他经营的规模要比前述的那个商人的大很多，但别人从他的外表却丝毫看不出他的慌乱。他做起事来样样办理得清清楚楚，他那富有条理、讲求秩序的作风，影响到他的全公司。所以，他的每一个职员，做起事来也都极有秩序，绝无杂乱之象。

因为工作有次序，处理事务有条理，所以，他从不会浪费时间，不会扰

第八章
选择好了就去做吧

乱自己的神志，办事效率也极高。从这个角度来看，做事有方法、有秩序的人时间也一定很充足，他的事业也必能依照预定的计划去进行。

今天的世界是思想家、策划家的世界。唯有那些办事有次序、有条理的人，才会成功。而那些头脑昏乱，做事没有次序、没有条理的人，这世上永远不会有他们成功的机会。

在一家大公司的门口，写着这几个字："要简捷！所有的一切都要简捷。"

这张布告表现了两层意义：第一，提醒人们办事要简捷；第二，说明简捷是很必要的，因为那些赘言长谈的习惯已经不能适应今天的形势了。

思想家培根说过：敏捷而有效率地工作，就要善于安排工作的次序，分配时间和选择要点。只是要注意这种分配不可过于细密琐碎，善于选择要点就意味着节约时间，不得要领地瞎忙等于乱放空炮。

人们一般最厌恶的就是谈话抓不住重点、旁敲侧击、不着边际、说来说去也使人无法把握他谈话要点的人。所以，那种谈话不直接爽快而喜欢绕圈子的人，虽然做业务会下苦工，但往往做不成什么大事。成就大业者是那些做事爽直、谈话简捷的人。

所以要及早培养做事爽直、说话简捷的习惯，要做到这一点并不是一件很难的事。如果能常常有意地注意训练，能集中思想，做到处事有条不紊、谈吐简洁明了，那么必然会逐渐养成一种习惯。

杰伊说："在我看来，有一种美德是我完全能够做到的，那就是简捷。我立志要做到这一点。"

在人的一生之中，你没有办法把每一件事情都做好，但是你永远有办法去做你认为最重要的事情，计划就是一个排列优先顺序的办法。凡事要有计划，有了计划再行动，成功的几率会大幅度提升。只有行动，没有计划，是所有失败的开始。工作没有次序，做事没有条理的人，无论从事哪一行都不可能取得成绩。

09 坚持到底
##　　就是成功

弗洛伦丝·查德威尔是一个成功横渡英吉利海峡的女性，但她并不满足，决定超越自己，她想从卡塔林那岛游到加利福尼亚。

旅程十分艰苦，刺骨的海水冻得查德威尔嘴唇发紫。连续16小时的游泳使她的四肢如千斤一样沉重。查德威尔感到自己快不行了，可目的地还不知有多

第八章
选择好了就去做吧

远,此时连海岸都看不到。

越想越累,她感到自己一丝劲儿也用不上了,于是对陪伴她的艇上的人说道:"我放弃了,快拉我上去吧。"

"不要这样,只有1000米就到了,坚持!"

"我不信,如果只有1000米,我怎么看不到海岸线?快拉我上去。"

弗洛伦丝·查德威尔最终被小艇上的人拉了上去。

小艇飞快地向前开去,不到1分钟,加利福尼亚的海岸出现在眼前——因为大雾,它在500米范围内才被人看见。

弗洛伦丝·查德威尔后悔莫及:为什么不相信别人的话,再坚持一下呢?

其实,成功与失败的差距往往仅一步之遥,只要咬紧牙关坚持一下,胜利便在向你招手。但是,许多人正是因为在前面的困难中已经筋疲力尽,在最后的关头,即使遇到一个微小的困难或障碍都可能放弃,最终导致前功尽弃。

人生的道路上,谁都会经历失败。面对一次次失败,不是每个人都能够认准自己的目标继续奋斗,坚持到底。面对一次次失败,许多人熄灭了理想之火,最终选择了放弃,他们是被自己的软弱的意志彻底地扼杀了,此时他们离成功已近在咫尺,再坚持一下就可以。

有一个人,他在自己一生中所获得的每一个成功,都是与挫败苦斗的结果,都是发挥了自己的真正力量,所以,他现在对那些不费力得来的成功,反倒觉得有些靠不住。他觉得,克服障碍以及种种缺陷,从奋斗中获取成功,才可以给人以喜悦。他喜欢做艰难的事情,艰难的事情可以试验他的力量,考验他的才干;他讨厌容易的事情,因为不费力的事情,不能给予他振奋精神、发挥才干的机会。

在绝望境地的奋斗,最能激发人潜在的内在力量;没有这种奋斗,便永远不会发现自己真正的力量。

很多年前的一个晚上,卡耐基和一位叫格罗斯的朋友在讨论"挫败"的

主动选择　敢于放弃

问题时，格罗斯提到的一个观点很值得人们思考。

有一天，在一个阴沉沉的晚上，格罗斯正想沉沉睡去，忽然想到了他最崇拜的一个人物。当这位人物一生的事迹在他脑海中一幕幕展开时，他一天中所积聚的"毒素"好似都溶化了。于是，他就会很舒服地安然入睡。第二天醒来时，他又获得了一种新的勇气。

格罗斯所想起的第一幕，是在美国西部一个城市中心的某一个十字路口的一个小店，那里有一个青年与人合伙经商最终却失败了。这次经历，让这个青年第一次知道了失败容易成功难这个道理。这个教训是从他的痛苦的经历中得到的。这次失败使他7年的积蓄损失殆尽，不仅如此，他家的门上还贴着法院执行官的封条。第一次尝试创业就得到了这样一种结果，这使得这个年轻的商人心中充满了无尽的悲哀与失望。

格罗斯想起的第二幕，是这位年轻的商人的第二次创业。经过两年的苦苦挣扎，他又积蓄了一笔钱，来作为自己第二次创业的资本。这一次，他决心不再重蹈前一次的覆辙。他对自己说：我一定要成功。他不能再忍受像上次那样的打击了。

但是他又失败了！在两年中，他的新合伙人将盈利全部私吞了。结果，这位青年商人不但将第二次的积蓄亏得一干二净，而且还欠下了一笔足以粉碎他一生的巨债。在绝望之下，他们将事业盘给别人。到年底时，那位接手生意的人没有钱付款，于是就将一切存货私自出卖了，等账款收齐后，就逃之夭夭了。而这时他的合伙人又死了，于是，这个年轻的商人又背上了另外两个人的债务。

这是一个让人痛苦的经历。但是，这个年轻的商人还是不愿意立刻就宣告破产。经过好几年的艰苦奋斗，他才把自己欠的以及别人欠的最后一笔债务还清。此时，他已经39岁了。

第二次失败之后，他的一位朋友帮他找到了一份测绘员的工作。但是干

第八章
选择好了就去做吧

这一行需要一些必备的工具：一匹马和一套仪器。于是，为了准备这样的工具，他不得不又再次举债。然而，他实际上从来没有用这匹马和这套仪器工作过，因此也就别说赚钱了。因为他的一位债权人将他的仪器和马都拿去抵他的债务了。老天好像是从所有人中特地选出他来，让他品尝失败的滋味。

在他一生的事业中，接二连三地遭遇各种打击。从此，他的精神沮丧，情绪低迷，几乎没有恢复的可能了。而更为严重的是，他的爱人，他唯一的、永远的爱人，又忽然去世了。后来，他对别人说，那时他的心早已随她进了坟墓了。

这件事给他的打击实在是太大了。他的意志日渐消沉，差不多快要发狂了。很久以后，当回忆自己的这段经历时，他还这样写道："在这一时期，我身上连一把小刀都不敢带。"他怕自己万一想不开，承受不了这一连串的打击而自杀。就在那一年，他的身体完全衰弱下去了。为此，他不得不迁往200里之外的父母家中，以调养他心中的创伤。

10年后，阳光总算冲走了他心中的阴霾。他有几个朋友认为他在商业上已失败了多次，但相信他在政治上也许会成功。因此，设法帮助他步入政坛。但是，在仕途上他又失败了。他小心翼翼地参加了两次短期选举后，选民便不再支持他。9年以后，那些理解他和敬重他的友人们，又下定决心来帮助他，因为他有很坚定的信仰。他们利用了当时的政治环境，使他直接得到被选为国会议员的机会。就在选举即将举行的前1个小时，全体选举人还都答应选他，但在最后的一刹那，党内发生了分裂，于是，他被迫退出，眼看到手的职位又让别人抢走了。他又失败了！

两年后，他又企图去竞选议员。在对时局的看法上，他曾和国会一个有名的候选人连续做过公开的辩论，可是这位温和而有经验的候选人，给了这位失败者一个不留余地的攻击，因为这位候选人是个天才的演说家。

他再一次失败了。他认为自己的一生就只有这样度过了，他是不会再有

铭鉴经典
主动选择　敢于放弃

什么希望了。因此，在50岁那年，他脱离了政治生活。在30年的不断努力中，他几乎没有得到过一次胜利！

在最后那一次惨败后的第二年，老天给了他最大的抚慰来补偿他几十年来遭受的痛楚、绝望和失败。

他被选为美国总统。他就是美国历史上最伟大的总统之一——亚伯拉罕·林肯。

林肯多年坚持不懈的精神诠释了坚持就有机会。也许机会便是这样，只有你坚持不懈地去努力，去争取，它才会在一个不特定的时间里降临，虽然未必能一举而中，但至少有了可能，给自己多了一分希望，也会增加一分向上的动力。

失败，往往是"半途而废"所造成的。虽然说失败是成功之母，但是半途而废的失败却很难有翻身的机会。任何事情，越是到了最后关头，越要沉得住气，坚持下去，然后才有可能成功。

有这样一个例子：1942年，三个青年结伴到委内瑞拉的一处河床采集钻石。他们辛劳数月之久，仍旧毫无所获。其中一人名叫索拉诺，在极度的困顿沮丧之中对另外两个同伴说："我放弃了，再找也没用。你们看这块鹅卵石，这是我捡的第九十九万九千九百九十九块石头，但是从未出现半颗钻石。我再捡一块就满一百万了，但是又有什么用呢？我不干了。"其中一个同伴说："你就干脆再捡一块，凑满一百万算了。"索拉诺俯身捡起一块石头，说："好吧！这是最后一块了。"但是这块鸡蛋大小的石头却出奇的沉重，他再仔细一看："天啊！真是一块钻石！"

这块钻石后来以20万美元卖给纽约的珠宝商，琢磨之后，名为"自由之星"，这是当时所见最大最纯净的一颗钻石。索拉诺发财了，但是他的最大收获却是一个亲身体验的真理：坚持到底，才能成功。

成功是美好的，每个人都在追求。成功也不是那么轻易就能获得的，需

第八章
选择好了就去做吧

要人付出艰辛的劳动，一次次尝试和探索。在追求成功的道路上，有的人浅尝辄止，遇到困难、挫折或失败，就掉头离去，绝大部分错过成功的人是因为缺少持之以恒的精神。

"人们并未失败，只是放弃尝试而已。"放弃尝试就是半途而废，就是最彻底的失败。成败之间的差异，并不在于错误的开始，而在于错误的停止。不管你跑得快还是慢，一旦止步就注定失败。在人生的旅途上，成功往往是最后几分钟的坚持所带来的。所谓"行百里者半九十"正可说明这一点。

常言道："台上三分钟，台下十年功。"如果没有十年功的坚持不懈，台上的三分钟又如何能够大获成功呢？所以，坚持一下，成功就在你的脚下。持之以恒地挑战挫折，直到最后的成功。一个绝境就是一次挑战、一次机遇，只要坚持一下，总有一天会成功。

10 绝不拖延

能否立刻去做、绝不拖延，是判断强者和弱者的主要标志，也是判断一个人能否完成任务的主要标准。一个成功的人士，应该行动敏捷、雷厉风行、绝不拖延，这样才能抢占先机，从而实现自己的人生价值。

在人生的旅途上，每个人都会有种种的憧憬、种种的理想、种种的计划，如果我们能够将这一切的憧憬、理想与计划，迅速地加以执行，那么我们在事业上的成就不知道已取得多少了！然而，人们往往在有了好的计划后，不去迅速地执行，而是一味地拖延，以致让一开始充满热情的事情冷淡下去，使想法逐渐消失，导致计划最后破灭。

昨日有昨日的事，今日有今日的事，明日有明日的事。今日的理想，今日的决断，今日就要去做，一定不要拖延到明日，因为明日还有新的理想与新的决断。

拖延的习惯往往会妨碍人们做事，因为拖延会磨灭人的创造力。有热忱的时候去做一件事，与在热忱消失以后去做一件事，其中的难易苦乐要相差很

第八章
选择好了就去做吧

大。很多有天赋的人本来很有希望成功，但因为他们喜欢拖延，缺乏干事的热忱而最终与成功失之交臂。

工作中，有很多机会摆在我们面前，能否抓住这些机会，不仅取决于是否有敏锐的洞察力，是否善于吸纳别人的建议，最重要的是取决于能否立刻去做，绝不拖延地去付诸行动。应该说，后者更具有现实意义。

拖延是一种恶习，然而却十分普遍，原因在哪里？成功素质不足、自信不足、心态消极、目标不明确、计划不具体、策略方法不够多、过于追求完美，这些都是原因。

停止拖延，立即去提高自己的成功素质，缺什么，补什么。以下是一些克服拖延的对策，不妨采用一下。

1.做个主动的人。要勇于实践，做个真正在做事的人。

2.创意本身不能带来成功，只有付诸实践，创意才有价值。

3.用行动来克服恐惧，同时增强你的自信。怕什么就去做什么，你的恐惧自然会立刻消失。

4.主动推动你的精神，不要坐等精神来推动你去做事。主动一点，自然精神百倍。

时时刻刻记着："今天可以执行的事绝不要拖到明天。"时不我待，绝不拖延，立刻去做吧！

铭鉴经典

主动选择　敢于放弃

11 寻找生命的
   　　大石块

一天，一个时间管理专家给一群商务学员做讲座，为了清晰地阐述他的观点，使学生永远不会忘记，他做了一个演示。

他站在这群渴望成功的学员面前，说："我们来做个试验。"他在面前的桌子上放了一个可盛一加仑东西的大口瓦罐，然后把一些拳头大小的石块，小心地放进瓦罐里。

瓦罐里再也放不进石块时，他问道："满了吗？"班上每个人都回答道："满了。"

然后，专家问："真的吗？"他把手伸到桌子下面，拿出一桶沙砾。

他把一些沙砾倒进瓦罐，然后摇了摇，这些沙砾便渗进石块的缝隙中。这时，他又问这些学员："满了吗？"此时，班里的学员不再像刚才那么肯定了，"可能还没有。"一位学员回答道。"是的。"他应声说。

专家再次从桌子下面拿出一桶细沙倒进瓦罐，细沙渗进石块与沙砾的缝隙中，他再次问道："满了吗？""没有！"全班的人齐声答道。他又说：

第八章
选择好了就去做吧

"回答得好！"然后，他再次从桌子下面拿出一壶水，在瓦罐中注满了水。

这时，这位时间管理专家看了看班上的学员，问道："这个演示说明了什么？"一位学员迫不及待地举手回答："这说明，无论你的时间表排得多满，只要用心，总可挤出时间来安排其他的事。"

"不对，"这位专家回答道，"这不是我的答案。"这个演示告诉我们：如果你不先把大石块放进去，那你永远也不可能把其他所有的东西放进去了。

这个例子告诉我们一个道理：如果你不先把大石块放进瓶子里，那么你就再也无法把它们放进去了。那么，什么是你生命中的"大石块"呢？你的信仰、志向、学识……切记我们应先处理这些'大石块'，否则会终生错过。

记住，先把大石块放进去，否则，所有的东西永远也不可能放进去。如

261

铭鉴经典
主动选择 敢于放弃

果你忙碌于一些小事，像沙砾、细沙之类的，那么你的世界里都是这些小事，你就没有宝贵的时间来做大事、要事。因此，晚上或早上，当你想起这个故事时，问自己这样一个问题：我生命中的大石块是什么？然后把它先放进瓦罐里去。

寻找生命中的"大石块"的过程其实是一个自我规划的过程。在我们逐渐成长的过程中，我们生命中的"大石块"会越来越多，亲情、爱情、友情、事业、金钱、名利、虚荣……我们肩头的担子逐渐地加重了。乍一想，似乎这些都是我们生命中的"大石块"，我们不舍得割舍其中的任意一个，于是我们只好背着所有的"石块"上路。

我们不舍得放弃任何一个"石块"，只是因为我们的欲望，我们总是想要太多的东西。让我们试着在下面这个故事中把那些对于我们来说不算重要的"石块"丢掉吧！

有五个人在天堂里争辩什么是人生最重要的东西。

第一个人指着头说："理性才是最重要的。"

第二个人指着胸说："爱才是最重要的。"

第三个人指着胃说："食物才是最重要的。"

第四个人则说："性才是最重要的。"

第五个人说："你们说的都不对，因为宇宙间的一切都是相对的。"

上帝笑着说："你们说一个活着的人如果得知自己下一秒就要死去，那么对于他来说什么最重要？"

其实，答案真的很简单，我们的生命最重要，生命就是"大石块"，对于每个人来说，拥有生命就可以拥有一切，没有生命也就一切皆无了。既然如此，那生命以外的东西还有什么是不能放弃的呢？只要把得与失的心态调整好，任何东西，当我们得到时要好好珍惜，而失去时要看破并放下，生命的真谛其实就这么简单。